舍得

智慧的选择

赵世平◎著

台海出版社

图书在版编目（CIP）数据

舍得：智慧的选择 / 赵世平著. —北京：台海出
版社，2018.9

ISBN 978 - 7 - 5168 - 2129 - 9

Ⅰ. ①舍… Ⅱ. ①赵… Ⅲ. ①人生哲学—通俗读物
Ⅳ. ①B821—49

中国版本图书馆 CIP 数据核字（2018）第 224047 号

舍得：智慧的选择

著　　者：赵世平

责任编辑：武　波　童媛媛　　　　责任印制：蔡　旭

出版发行：台海出版社

地　　址：北京市东城区景山东街 20 号　邮政编码：100009

电　　话：010—64041652（发行，邮购）

传　　真：010—84045799（总编室）

网　　址：www. taimeng. org. cn/thcbs/default. htm

E - mail：thcbs@126. com

经　　销：全国各地新华书店

印　　刷：香河利华文化发展有限公司

本书如有破损、缺页、装订错误，请与本社联系调换

开　　本：710mm×1000mm　　　　1/16

字　　数：217 千字　　　　　　　印　　张：15

版　　次：2019 年 1 月第 1 版　　　印　　次：2019 年 1 月第 1 次印刷

书　　号：ISBN 978 - 7 - 5168 - 2129 - 9

定　　价：39.80 元

前言

　　著名作家贾平凹说："会活的人，或者说取得成功的人，其实懂得了两个字：舍得。不舍不得，小舍小得，大舍大得。"树木舍弃灿烂夏花，得华实秋果；鸣蝉舍弃外壳，得自由高歌；壁虎临危弃尾，以保全生命；溪流舍弃自我，得以汇入江海；凤凰舍弃生命，得以涅槃重生。人舍享乐安逸，得辉煌成就；舍贪欲物质，得心灵安宁；舍人云亦云，得独辟蹊径……"舍"与"得"看似对立，实则统一，古今人物成就事业、家庭、感情无不是"舍中有得，得中有舍"。人生唯有懂得了舍的人生大智慧，才能够将自己的人生经营得有声有色，才能拥有成功而幸福的生活，从而使人生更为精彩和快乐。

　　舍得是一种从容生活的心态，是一种快乐生活的哲学，是一种超脱生活的境界，是一种自在生活的禅悟，更是一种处世与做人的艺术，是东方禅意中的超然状态，更是智者的一种必然选择。人们只有在舍得之间，才能悟出人生的真谛，才能尽享舍与得所带给他们的人生快乐和成功，正所谓"舍得之间，和谐之美"。可以说，随着时光的流转，"舍得"已成为饱含中国传统文化精髓的人生禅理，懂得人生、懂得生活的人，便懂得"舍得"。

　　《舍得：智慧的选择》围绕"舍与得"这两个似乎人人熟悉，却又难以参悟透彻的命题进行了全面系统的探讨，希望能够对读者有所启迪，对大家的生活、工作、事业、家庭、人际等方面有所助益。全书哲理深邃，寓意深远，结合富有说服力的小故事，将舍与得的智慧娓娓道来。从不同的角度、不同的方向，为读者提供一种健康智慧的人生心态，一种正确的哲学态度，一种走向幸福与成功的方法，让你能够更好地享受生活，经营好自己的人生。

本书教给你正确取舍的人生智慧之心，让你在迷茫中摆正心灵的方向盘，让你在忙碌的生活中找到心灵休憩的港湾，让你在人生的这条长河中掌控自己的航舵，在烦恼的时候教你从容，在失意的时候让你振奋，在焦躁的时候获得平静，在失落的时候获得心灵的慰藉，在纠结的时候获得释怀，在迷茫的时候找到希望的灯火，让你远离生活中的一切扰乱我们内心的烦杂和喧嚣，领悟到生命的真谛，体味到切实存在于我们周围的快乐和幸福，获得洒脱和惬意的人生！

希望本书能让生活在忙碌、烦躁的生活中的你，得到一丝安宁和清凉，让你的生活不再充满迷茫、忧虑和烦恼，让你的人生焕发光辉，最终成为一个快乐、幸福的人！

目 录

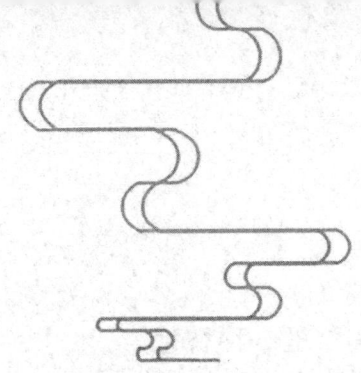

第一章

欲得先舍，舍得是一种生存智慧

　　取是一种本事，舍是一门哲学，没有能力的人取不来，没有通悟的人舍不得。漫漫人生之路，如何正确地对待取舍，值得细细地思量。有得必有失，有失必有得，人生就是这样一个得与失的过程。舍得是选择、舍得是承担、舍得是忍耐、舍得是智慧、舍得是痛苦、舍得是喜悦、舍得更是一种艺术。如果你真正把握了舍与得的机理和尺度，便等于获得了一种生活的大智慧，等于把握了人生的钥匙和成功的机遇。

1. "得"是一种本领，"舍"是一种智慧

"得是一种本领，舍是一门处世智慧，没有能力的人得不到，没有通悟的人舍不得。"有得必有失，有失必有得，人生就是这样一个得与失相互交替的过程。如何进行取舍，确实值得我们细细思量，只有那些懂得舍得之道的人才能与快乐和幸福长相伴。

舍得舍得，不舍不得，有舍才有得。舍得，便是人人为我，我为人人的人生境界。

同时，舍得也是一种时间的转换，精神与物质的交流，人情和礼节的传达，是物质世界的"流通"。人生无不是一舍一得的过程，那些成功者，无不是悟透了"舍得"的奥妙才取得了非凡的成就的。大舍大得，不舍不得，小舍小得，"得"是一种本领，而"舍"则是一门处世的智慧。万事万物须在舍得之中，才能达到和谐、统一。所以说，你若真正把握了舍与得的机理和尺度，就等于把握了人生的机遇和成功之门的钥匙。

有一位著名的作家，每天都觉得自己异常烦恼和痛苦，总静不下心来去创作出更好的作品。于是，他就向智者求教。

作家问道："我很困惑，为什么自己在成功之后感受不到丝毫的快乐，越来越觉得痛苦和疲惫呢？"

智者问道："你每天都在忙些什么呢？"

作家答道："我每天从早到晚都在忙着开新书发布会，忙着应酬，并且到处做演讲，还接受各种媒体的采访……这些事情使我心情烦躁，写作已经完全成为我生活中的一种沉重的负担，觉得自己太过辛苦了，心也劳累不止！"

智者就转身打开身后的衣柜，对作家说道："在这一生之中，我收藏了许多漂亮的衣物，你试着将它们穿在身上，你就会明白了。"

作家疑惑地说道："我身上穿着合身的衣服，为何要穿这些不合适的呀！如果我能够将这些衣物都穿在身上，一定会沉重异常，会难受十足的。"

智者回答："你也明白其中的道理，但是为何要来问我呢？"

作家感到莫名其妙，随口又问道："您所说的话，我有点不大明白，您能说得更为明确一些吗？"

智者接过话来说道："你身上的衣服已经很合身，倘若让你穿上这些不合身的衣服，你就会感到沉重无比。你只是一个作家，为何要去做一个演讲家和交际家，这不是自讨苦吃吗？"

作家顿悟道："原来每个人只有做自己应该做的事情，不为尘世的欲望所缠绕，才能获得轻松和快乐啊！"

从此之后，作家就毅然辞去了不必要的职务，推掉了不必要的应酬，潜心开始写作，最终达到了人生创作的高峰，并且再也没有感到丝毫的疲惫和烦躁，生活也变得轻松和快乐了许多。

由此可见，舍得舍得，必须有舍才有得，人生在世，有诸多的东西是需要放弃的。放弃了名与利的缠绕，才能活得轻松，获得自己真正所追求的。

可以说，"舍得"二字包括了人生全部的真知，它既是一种生活的哲学，更是一种做人与处世的艺术，是一种境界，是一种自律和大度，更是一门学问，懂得这门学问的人，才会在一种平和自由的心境中感受人生的幸福。

2. "得"其实就在"舍"的那一瞬间

人生在世，功败垂成，皆在取舍之间。"得"其实就在"舍"的那一瞬间。舍得守护，得到爱情；舍得付出，得到财富；舍得虚名，得到洒脱；舍得计较，得到幸福；舍得微笑，获得和谐。

从前，有一位国王很喜欢打猎。有一次在追捕猎物时，不幸弄断了一截食指。国王剧痛之余，立刻召来一位富有智慧的大臣，征询他对意外断指的看法。智慧大臣轻松自在地对国王说，这是一件好事情，并请国王往积极的方面去想。

国王闻言大怒，以为智慧大臣在幸灾乐祸，即命待卫将他关进监狱之中。

待国王的断指伤口愈合之后，国王又兴冲冲地忙着四处打猎，不幸却被丛林中的野人活捉。

依照野人的惯例，必须要将活捉的这队人马的首领献祭给他们的神。祭奠仪式刚刚开始，巫师发现国王断了一截手指，而按他们部族的律例，献祭不完整的祭品给天神，是会受到天谴的。野人连忙将国王解下祭坛，驱逐其离开，另外抓了一位大臣献祭。

国王狼狈地回到朝中，庆幸大难不死。忽而想起智慧的大臣曾说，断指是一件好事情，便立刻将他从牢房中释放出来，并当面向他道歉。

智慧大臣还是保持他的积极态度，笑着原谅国王，并说这一切都是好事。

国王不服气地质问："说我断指是好事情，如今我能接受；因我误会你而将你关进牢中受苦，这难道也是件好事情吗？"

智慧大臣微笑着说："臣在牢中，当然是好事。陛下不妨想想，如果臣不在牢中，那么，今天在祭坛上的大臣会是谁呢？"

这个故事告诉我们，失去则是另一种获得，"得"往往就在"舍"的那一瞬间。王昭君舍弃了锦衣玉食的宫廷生活，踏上了黄沙漫天的西域之路，却得了天下的太平与后世的无限赞美；祝英台舍弃了世间的一切繁华，化作一只蝴蝶，却得了海枯石烂和天长地久的爱情；李白舍弃了富贵，却留住了"安能摧眉折腰事权贵，使我不得开心颜"的傲骨……他们舍弃了功名、地位，甚至是生命，获得的却是更为珍贵的生命的升华。

所以，生活中，当你失去的时候，请不要悲伤和沮丧，你会发现，你也有所收获；当你得到的时候，也请你不要得意骄傲，也许你已经为这份收获失去了什么。不管舍还是得，我们都要有一个平和的心态，因为上帝是公平的，世事是有因果的，舍也好，得也好，我们都应该微笑着面对，坦然地接受！

面对舍与得的抉择，是一种生活的智慧。在纷繁的生活中，适当地舍弃是必须的。当然，舍弃并不意味着放弃，而在于将来更高层次的获得。正确的舍弃有助于我们更好地获得，不仅是为了自身的"得"，更是为了大家的"得"。一味地盲目地追求"得"，到头来只会得不偿失。把握好"舍"与"得"，是一种心境，更是一种智慧。

3. 及时舍弃，是一种生存策略

学会取舍是一门学问，是一门生存艺术，它的价值似足色的黄金，永远不会贬值。与它为伴，便是与智慧为伴，与成功为伴。把握每一个"取舍"的时机，在懂得取舍的同时，便能体会到人生的真谛。

在非洲纳米比亚沙漠的南部，几乎从来不下雨，并且酷热难耐。干旱、酷热的环境，让生命望而却步，但是，这里有一种树木却能不屈地生长。

因为沙漠里没有其他的树木生存，这些树木就常常被土著人砍伐，掏空后做成箭袋，所以它们被称为箭袋树。箭袋树用了许多办法去贮存水分。

箭袋树的叶片覆盖着一层厚厚的外皮，而且皮孔的数目极少，以便将水分蒸发降到最少。同时，它们又在树枝上面覆盖了一层明亮的白色粉末，用来反射阳光。

但是，这些办法还是远远不够的，箭袋树要生存，就要呼吸，要呼吸就不可避免地要产生水蒸气，水分一旦蒸发，它们则必然会干枯而死。

从理论上来讲，箭袋树必死无疑，但是在沙漠中却仍旧可以看到箭袋树坚强挺立的身影。人们对这个有悖常理的结果惊叹不已，并终于发现了它们死中求活的秘诀——截肢。

每到干渴欲枯、生死攸关之际，箭袋树就会突然自断肢体，无数正在生长的枝叶，纷纷断离树干，这些伤口会被立即牢牢封闭，只留下刀削般平滑的疤痕，向人们展示着生命的坚强与壮美。

热爱生命的最高境界，应该是懂得去牺牲，去割舍生命中的某些部分，以获得长久的生存，这是一种舍小取大的生存智慧。

及时舍弃是一种光，一种耀眼的智慧之光。人生是在一次次的抉择中度过的，面临抉择，如何取舍，往往扰人心扉。可我们又不得不对其做出取舍，因为这些抉择往往决定着我们今后的人生旅途。因此，当我们徘徊在进退两难的境地时，正确的取舍就显得极为重要了。

亚伦·拉斯顿是美国阿斯彭市一位登山爱好者，他原本毕业于美国匹兹堡卡内基·梅伦大学，毕业之后在美国著名的软件开发公司上班。

有一次，亚伦·拉斯顿突发奇想，想去登美国的麦金利山。但是公司却拒绝给他假期，拉斯顿在一怒之下便离开了公司。后来，他来到了阿斯彭市的登山车商店工作，这下他便有了许多登山和探险的机会。

当然，这让人觉得他是个疯子，登山又不能当饭吃，舍弃那么好的工作去登山，让人觉得有点得不偿失。但拉斯顿却乐此不疲，他觉得征服一座又一座的山峰，是他的梦想。

为了热身，在2003年4月的一天，27岁的拉斯顿独自来到犹他州东南150英里处风景绝美的蓝约翰峡谷进行登山探险。但是，令他无法想象的事情发生了。拉斯顿出发的时候，因为没有带登山探险装备，只有必不可少的一辆轿车、一辆山地自行车、一个急救包、一根登山索、一把几厘米长的袖珍小折刀和一天的干粮。鬼使神差的是，他没带手机。

当他在攀过一道三英尺宽的峡缝时，一块巨石阻挡住了他的去路，拉斯顿试图将这块巨石推开，巨石摇晃了一下，突然猛地向下一滑，将拉斯顿的右手臂活生生地夹在了旁边的石壁上面。在钻心的剧痛下，拉斯顿使劲用左手推动巨石，希望能将自己的右臂抽出来，然而石头仿佛生根一般纹丝不动。在做了无数次的努力后，筋疲力尽的拉斯顿终于知道，单凭自己一人是绝不可能推动石头了，重要的是保存精力等待别人来救援。可是，拉斯顿在蓝约翰峡谷里一等就是三天，蓝约翰峡谷别说是人，就连鸟的影子也看不到。拉斯顿天天以喝水度日，等到第四天的时候，他水壶里的最后一滴水也没有了。

第五天早晨，他饥肠辘辘、浑身无力地从断断续续的睡眠中醒来时，终于明白，他所在的地方太过偏僻，人迹罕至，即便有人知道他失踪报警，救援人员也不可能找到这个地方的。他想着，也许除了他自己之外，没有任何人来相救了。最终，拉斯顿决定给自己的右臂实行截肢。他忍受着钻心彻骨的剧痛，用刀子在自己的右臂前肘处一下下地割起来。

鲜血大量地涌出，染红了压住他右臂的巨石，并流淌到地面。也不知道过了多长时间，最后，拉斯顿的右臂终于被切断了。由于大量失血，拉斯顿差点晕厥，然而，他仍从身旁的急救箱中取出杀菌膏、绷带等物，给自己被切断的右臂做紧急止血处理。

流血止住后，他开始徒步走出峡谷。拉斯顿被困之处是一个陡峭的岩壁，距峡谷底部足有25米的高度，上来容易下去难，尤其是在刚切断一只手臂之后。不过这也没有难住他，拉斯顿用登山锚将一根绳子固定在岩壁上，他就用一只左手抓住绳子顺着岩壁滑了下去。在下山的路上，拉斯顿看到了他的山地自行车，但他根本不可能再骑着它下山了。

在跌跌撞撞走出大约七英里后，两名登山者终于发现了他，并立即通过手提电话报警。不久，一架救援直升机赶到。当直升机飞行12分钟到达莫阿布市的艾伦纪念医院时，拉斯顿坚持自己走下飞机，走进医院的急救室。在对伤口做了一些紧急处理后，拉斯顿又被直升机送往了科罗拉多州大强克逊市的圣玛丽医院。

面对生与死的考验，拉斯顿在艰难的抉择中做出了取舍。他用行动向我们阐释了这样一个简单又绝对的真理：有舍必有得。万事万物皆是如此。人一生中面临着诸多的选择，而选择的前提就是舍弃，舍弃的正确，即是选择的成功。在人生许多关键的时候，唯有敢于舍弃，才能把握住获取长远利益的机会。

所以，在人生的每个阶段要做出抉择的时候，请认真深刻地想一想，什么才是你应该做的，什么才是你真正所需要的。走好每一步，做好每一次取舍，你的人生才能不留遗憾，才不会有愧疚。

4. 将欲取之，必先舍之

星云大师说："舍，于人是慈悲，于己得精进，以舍为得，无处不春风。"人生的一切，无不是在"舍得"中见智慧，唯有在"舍得"中感悟人生，才能得到解脱，快乐才能相伴一生。

人生百年，不过在舍得之间。孟子曰：鱼，我所欲也；熊掌，亦我所欲也，二者不可兼得。鱼和熊掌代表着一些事物，如果想兼得，很可能到头来会一无所有。若是想得，必要能舍，或舍欲望而得快乐，或舍权位而得自由，或舍劳碌而得清闲。很多时候，人们因为贪心不足，只想获得，舍不得放下，结果不仅让自己劳累不堪，还两手空空，徒增烦恼和伤悲。

舍得是人生的一门哲学，就如同下棋一般，虽然暂时能舍弃小的利益，最终却可能会得到更多的实惠，进而赢得全局。如果一味地贪求，不懂得舍弃，很可能将自己引入死局之中。

在艾尔基尔地区，有一种猴子会经常到山下的农田中去祸害庄稼。其实，这些猴子也是为了维持生计才不得已到农田中去偷庄稼的，它们也是为了活命，为了能给自己多储备点粮食。

农民们为了保护庄稼，发明了一种极为特殊的捕捉猴子的方法：在一个细瓶颈大口的瓶子中放一些玉米，这个瓶子的颈刚好能够让猴子的爪子伸进去，但是当猴子一旦爪子中拿着玉米攥上拳头就出不来了。

利用这个方法，农民们捕到了很多猴子。每晚他们都将这样的瓶子放在村口，第二天早晨起来，就能看到一些紧握拳头的猴子在那儿与那些瓶子较劲，但是不管怎么挣扎它们的爪子就是出不来。其实，如果这些猴子能够舍弃，学着放下爪子中的玉米，是完全可以逃走的，但是，它们因为得到了，却怎么也不肯松爪子，到最终只有被捕了。

在这里，我们可能会笑猴子因为贪婪，却使自己因小失大，置自己于困境之中。其实，现实中很多人也是如此，因为将手中的东西抓得太紧，而置自己于人生的困境之中。要知道，有得必有失，我们在面临选择时，也唯有主动放弃一些东西，使自己轻装上阵，才能得到更多。

要知道，人的成功的旅程，就如一条不断奔涌的河流，只有不断更新，才能生机勃勃，清洁而美丽。筑坝其上，塞流碍行，你的人生也会停滞变浊。当你停止"舍弃"的时候，也是停止"得到"的时候。先"舍弃"，在未来，你将会有十倍的收获，这是生命的规律。农民春撒一颗种，秋收万颗籽，这个交易是很划算的。

当然，懂得及时舍弃的人，一般都拥有高远的眼光，他们不会过于计较眼前的得与失。因为他们懂得，唯有适当放弃，才不会消耗自己的精力，才不会浪费自己的生命，才不会羁绊住自己的脚步，才可以使人生之路更为顺利、通畅。

5. 人生不过是一得一失的不断重复

一个人即便拥有了全世界，也只能是日食三餐，夜寐一床。就算你拥有一百张床，每天只能睡一张床；就算拥有一千双鞋，每天也只是穿一双。就算每天可以点上百道菜，但最多也就是填饱一个胃。所以，朋友，记住了，先得到的可能先失去，后得到的后失去，没有得到的就不会失去，那个总数是一样的，人生得失总归零，所以，人生无须计较，不必刻意去算计，只要悉心去体验就好。

世界上所有的事情，总是有失也有得。爱情能够给人幸福和快乐，也能让人品尝到痛苦和哀伤；名利可以给你享受，但是它也能够给你带来苦恼；成功使你快乐，但是在成功过程中也会遇到各种各样的挫折，让你无法忍受。所以说，人生不过是一得一失的不断重复。

生活中，如果你期待一种东西，得到了，就能获得快乐；相反地，当你失去的时候，也会感受到等量的悲伤，得到几分快乐，也会承受几分痛苦，得失加起来总是零。

有人获得了财富，却可能会因此而失去健康和感情；而有人在事业上的成就减少了三分，则在健康、家庭幸福方面却能得到三分。有些东西看似不公平，但是如果你能够仔细想想，其实，所有的得失都是公平的。

有一只狐狸，看到高高的墙上有一株葡萄，枝上挂满了诱人的果实。狐狸看到后垂涎三尺，想进去饱餐一顿。于是，它就开始四处寻找入口，终于发现一个小洞，可是洞口太小了，它的身体根本无法进去。

于是，它就在围墙的四周绝食一个星期，把自己饿瘦了，终于勉强从小洞中挤了进去，幸运地吃上了葡萄。但是，它发现自己吃得饱饱的身体，让它无法钻到墙的外面。因为担心主人抓到自己，于是，它又绝食六天，再次把自己饿瘦，才从小洞钻了出来。

其实，人生的得失就是如此，得失总和总是零。所有的经历，到最终的总数却是一样的，终点又回到了起点，起点原来可以回到终点。

一只在大河附近，天天饮滔滔江水的鼹鼠与生活在下水道饮水的鼹鼠是一样的。试想，同样都是鼹鼠，它们腹中容纳的水量是相同的，饮水过量的话，除了撑死之外，又有何益！人生也是如此，过多的物欲除了给你徒增烦恼，毫无益处。生命的真正意义在于体验，每个人的财富地位也许有高低优劣之分，但是对快乐和幸福的体会却没有高低之别。

生活中，当你顺利时，不幸就在一旁看着你；当你快乐时，悲伤就在一旁窥视你；当你痛苦时，随之而来的便是快乐。到了最终，你就会发现，每一样都配合得好好的，每一种痛苦与快乐，每一样你所得到的和失去的，好的与坏的，最终，你仔细算算，加加减减后，那个数字将会是一样的。

不管你的一生经历了多少悲伤、快乐，得到了多少，失去了多少，到了死亡的时候，都会变成一个样子。死亡会让一个生命变得公平。所以，我们凡事都不要刻意去在意和计较，只需要用心体味就好。

6. 先"舍"后"得"，成功之道

舍自我，得新生。"舍"是一种智慧，"得"是一种勇气，舍与得的精神是解决我们心灵所有烦恼的强大力量。

舍得不仅是一种处事智慧，还是一种高明的成功之道。

人只有勇于舍弃，先给予，才能将自己的事业经营得绘声绘色。

那些能够进入世界500强的公司，都是能够在关键时候懂得运用"舍得"之道的智慧公司。华人首富李嘉诚的成功，也是对"舍得"之道成功运用的结果。

有一次，有人问李泽楷道："你父亲教了你怎样的赚钱秘诀？"而李泽楷说父亲没有教他赚钱的方法，只是教会了他为人处世的道理。

李嘉诚曾经这样跟李泽楷说："假如你与他人合作做生意，如果你拿7分合理，8分也可以，那你最好只拿6分就可以了。"也就是说，你要让别人多赚2分。所以，每个人都知道，与李嘉诚合作能够赚到钱，占到便宜，所以，才更愿意与他合作。李嘉诚还给儿子算过这样一笔账："虽然你只拿6分，现在多出了100个人，你现在能多拿多少分呢？假如拿8分的话，100个人则会变成50个人，结果是亏还是赚，可想而知。"

舍得，是一种精神，是一种领悟，更是一种智慧。舍得之道是人生之道，也是成功之道！每个人都渴望事业成功，生活富足，然而，如果只将目光紧紧盯在要得到什么以及如何得到上面，而忽略了与"得"唇齿相依的"舍"，那么，很难如愿。所以，在事业的起步阶段，一定要肯舍敢舍，心怀一种"大舍"的气度，才能得到更多！

7. "得"即为"失"，"失"即为"得"

世界没有悲剧和喜剧之分，如果你能从悲剧中走出来，那就是喜剧，如果你沉湎于喜剧之中，那它就是悲剧。

任何人的一生都不是一帆风顺的，任何人的人生都会充满挫折与磨难，这是无可避免的。很多时候，我们之所以痛苦，就在于太过计较人生的得失，为自己的失去感到可惜。其实，人的一生得失总是均衡的，有时候，得即是失，失即是得。

你的很多所谓的对未来的担心，所谓的"可怕"，归根结底都不过是自身的想象力在作祟罢了。要知道，这个世界上，任何人都不会比你更幸运，如果你过分地为未来担心，只会把自己宝贵的时间白白地浪费掉。

在一座石山上，有两块形状差不多的石头。它们共同在山上待着，但是四年之后，两块石头的命运却发生了很大的变化。其中一块石头脱胎换骨，成为受万人敬仰的佛像；而另一块石头则每天只是默默无闻地在路上，受万人的践踏。

看到如此巨大的反差，那块受万人践踏的石头，心中很是不满，就问道："老兄啊，四年之前，咱们还同为一座山上的石头，今天为何会有如此大的差距呢？"

另一块石头回答道："老兄，你不知道啊。在四年前，一位雕刻师来到我们这里，我们俩都请求他把我们雕刻成艺术品，但是，当他刚刚在身上动了三刀，你怕痛不让他动你了。而我那时候却只想着自己未来的模样，所以根本不在乎刻在身上一刀刀的痛苦，就坚强地忍耐下来了。为此，我们的命运就发生了如此大的改变，我忍受了千刀万剐之苦最终才成为了一尊受人敬仰的佛像。而你却无法忍受雕刻之苦，人们也只会拿你当垫脚石了。"

同样的两块石头，一块愿意承受苦难，忍受了痛苦，看似失去，最终却得到了万人的崇敬；而另一块石头，不愿意承受苦难，看似得到，实则是失去，成为受人践踏的石头，痛苦一生。

同样地，在人一生的道路中，要获得发展，做出一些成绩来，必然是要经历一些磨难的，除非你一生都想事事无求，碌碌无为。为此，我们也要对自己的人生有个理性的认识，学会保持一份平和的心态，坦然面对人生路上的痛苦，坦然面对生活与未来，这样一些过分的、毫无必要的忧虑就会远离你。

另外，你一定要明白"祸兮福之所倚，福兮祸之所伏"的道理，你所期望的幸运之中可能暗藏玄机，你所遭受的逆境中也可能存在幸运，你无须过分地为未来的不幸和挫折所担忧，也许你所担心的灾难之中蕴藏着意想不到的幸运。总之，只要你能以淡然的心态，以积极乐观的心态去面对眼前的一切，那么你的收获就会多于损失，幸福就会大于烦恼，人生才能拥有真正的快乐。

8. 勇于舍弃"眼前"，才能着眼未来

如果此刻，你不快乐，也并不成功，那就学会舍得，舍得会让你获得更多！

《卧虎藏龙》中有一句极富哲理的话：当你握紧双手时，你的手中空无一物；当你打开双手时，你将拥有全世界。这也是对"舍得"的最好诠释。在人生前进的道路上，凡是让我们苦苦挣扎的，都是因为不肯舍弃或者缺乏舍弃的勇气。欲想成功，就要先学会在取舍面前来一个转身，也许能获得一番新天地。

一位年轻人向一位成功的商人寻求成功之道，富商没有直接教给他方法，却拿了三块大小不一的西瓜放在青年的面前，说道："如果每一块西瓜代表一定程度的利益，你会选择哪一块？"

"当然是最大的那一块！"年轻人毫不犹豫地回答。

听了年轻人的回答，富商微微一笑，说："那好，我们来吃西瓜吧！"富商将那块最大的西瓜递给年轻人，而自己却吃起了最小的那一块。

很快，富商就把最小的那一块吃完了，然后他便从容地拿起桌上的最后一块西瓜得意地在青年面前晃了一晃，便大口地吃起来。

年轻人便马上明白了富商的意思：富商虽然选择了最小的那块西瓜，但最终却比自己吃得多，如果每一块西瓜代表一定程度的利益，那么，富商在经商时，要远比年轻人精明得多了。

吃完西瓜，富商便对年轻人说："在我像你这么大的时候，我也和你有同样的想法。但是到后来，我懂了一个道理：要想成功，必须要学会选择，勇于放弃，着眼于未来。有时候，只有放弃了眼前的利益，才能获取长远的利益，这便是我的成功之道。"

只有放弃眼前利益，才能获取长远大利。要想成功，就要学会放弃，放弃眼前的诱惑、小利，从长远出发，便极容易获得最终的成功。

当然，这里所说的"舍得"，是不计得失的"舍"。只有不去想舍弃之后的结果是"得"还是"失"，才是真正意义上的"舍"，也才能获得与众不同的"得"。

曾经有一个农民回家做酒，因为使用了新的酿酒技术，不但降低了成本，提升了酒的质量，还提高了 20%～40% 的产量。按计算，他应该比同行多获得 1/3 的利润才是，但是他不但没有打算要这多出的利润，却还计划着让出 20% 的利润，别人卖五块钱一斤的酒，他只卖四块钱一斤；人家卖四块钱一斤的酒，他只卖三块两毛钱，而且他的酒的质量更好、口感更醇，他的服务态度更和气，对客人总是笑脸相迎。可想而知，顾客当然更愿意买他的酒，即便是不熟悉的人也会过来尝尝，觉得很不错，店里自然就多了许多回头客。接下来，有许多散装白酒的经销商也都亲自上门来要求代销，他的酒不到两个月便占据了全镇大半散装酒市场。

可以试想：如果这位农民事先不放弃这诱人的利润，只是死死地拽住自己应该收获的一分一厘，新酒打入市场，很多人不可能去品尝，而且镇上原来的酒市场早就有人占据着，要想分得一块蛋糕，真是天方夜谭。由此可见，在经商过程中，要想让人选择买单，心甘情愿放弃原来的合作伙伴与你合作，就要学会舍得。

由此，"舍"确实是"得"的前提条件。很多时候，利他便是利己，帮人就是帮自己，这便是"舍"与"得"之间的辩证法。

9. "舍"表面上是给别人，实际上是给自己

舍是一种主动修为，得是一种因缘回报，舍比得更考验智慧，更考验胸怀。舍是先看透后放下，得是先放下后收获。舍，反过来是给别人，实际上是给自己。

第二次世界大战刚刚过去，以美、英、法为首的战胜国经磋商之后，决定在美国纽约成立一个协调处理世界重要事务的联合国。一切准备就绪之后，大家蓦然发现，这个全球至高无上、最有权威的世界性组织竟然找不到自己的立足之地。

买一块地皮吧，但刚刚成立的联合国机构还身无分文；让世界各国家筹资吧，会造成一些负面影响，更何况刚刚经历了战争的各国，都是财库空虚，甚至许多国家财政赤字居高不下，在寸土寸金的纽约筹资买下一块地皮，并不是一件容易的事情。

听到这一消息之后，美国著名的家族财团——洛克菲勒家族经商议，果断出资870万美元，在纽约买下了一块地皮，并且还将这块地皮无条件地赠送给了这个刚刚挂牌的联合国。

同时，洛克菲勒家族亦将毗连这块地皮的大面积地皮全部都购买下来。

对洛克菲勒家族这一出人意料之举，许多美国的大财团都惊讶不已。870万美元，对于战后经济萎靡的美国和全世界都是一笔不小的数目呀，

而洛克菲勒家族却将它无条件地拱手相赠。

这个消息传开之后，美国许多大财团和地产商都纷纷嘲笑说："这简直是蠢人之举。"并且纷纷断言，"这样经营不需十年，著名的洛克菲勒家族财团便会沦为著名的洛克菲勒家族贫民集团。"

但出人意料的是，联合国大楼刚刚完工，毗邻大楼四周的地价便疯狂地飙升起来，相当于捐赠款数十倍、近百倍的巨额财富源源不断地涌进了洛克菲勒家族。这样的结果令那些曾经讥讽和嘲笑过洛克菲勒家族的商人哑口无言。

很多时候，赠予也是一种经营之道。只有学会舍，才能够得到。就像对待生活一般，过去的事情，我们总是对其无限地回忆，却不知前面的风景更加美好。向前看，才会有所发展，有所进步。

"舍"表面上是给别人，最终受益的却是自己。给人一句好话，你能得到别人的一句赞美；给他人一个笑容，别人也会对你回眸一笑；给别人一个帮助，终有一天也会得到别人的帮助。舍与得的关系，就如因和果一般。能够随时舍得的人，一定是拥有富者的心胸，如果他没有感恩的心，他怎么肯"舍"给人，怎么能让人有所"得"呢？他的内心充满欢喜，他才能把欢喜给你；他的内心蕴藏着无限的慈悲，他才能把慈悲给你。自己有财，才能舍财；自己有道，才能舍道。所以生活中，我们不要把烦恼、愁闷传染给别人，因为"舍"什么，就会"得"什么，这是必然的因果关系。

杰尔克是纽约一家大型广告公司的秘书，上司让他写一篇有关吞并另一家杂志社的可行性报告，此事事关机密，能帮助他的人很少。

经过仔细地了解，杰尔克发现公司上下只有一个人可以帮助他，这个人就是在那家杂志社工作几十年的现在的同事艾伦。

那天，当杰尔克走进艾伦的办公室时，艾伦正在接听一个电话，呈现出十分为难的表情，显然是遇到了麻烦。于是，就对着电话说："亲爱的，这些天实在没有什么好的邮票带给你了，过一些日子我再带给你好不好？"放下电话之后，艾伦解释说："我正在为我那个爱集邮的儿子收集邮票。"

当杰尔克说明自己的意图之后，就开始向艾伦了解有关杂志社的问题，但是，艾伦的回答却始终含糊不清，模棱两可。杰尔克看出对方是不想说心里话，于是，很是无奈，最终无功而返。

开始的时候，杰尔克很是着急，不知该如何是好。在情急之中，他突然想起艾伦正在为儿子集邮的事情发愁，于是，就"计"上心头。

杰尔克打电话给在航空公司工作的朋友，帮忙收集了一些世界各地的邮票，立即找到艾伦，把邮票给了他。艾伦看到邮票高兴地说道："我的乔治一定会很喜欢的。"

随后，当杰尔克再次问到有关那家杂志社的事情的时候，艾伦则将自己知道的资料全部说了出来。不但如此，艾伦还打电话联系到以前的同事，又仔细地了解了那家杂志社的基本情况，同事就将数据、报告等一些详细的内容都毫不保留地转告给了杰尔克，帮他出色地完成了上司交给他的任务。

由此可见，懂得舍得的人，都是有爱的人，而爱是一盏灯，照亮别人，也在温暖自己。所以，在生活中，如果我们能够常怀助人之心，帮助别人，表面上是给别人，实际上是在帮助自己。

舍得是一种大智慧，它的真谛就在于：一个人的善行可以衍生出另一种善行，善行终会得到善报。生活中，如果你想要得到别人的帮助，我们就应该本能地伸出援助的手，当自己有难时，一定也会及时得到他人的帮助，这样才能获得最高贵的"报答"，这是一个最为强劲的连锁反应。

10. 懂得"舍"，才能让人生不留遗憾

生活无须大富大贵，满足就好；事业无须惊天动地，有成就行；金钱无须取不尽，够花就行；朋友无须形影不离，想着就行；儿女无须多与少，孝顺就行；寿命无须过百岁，健康就行。生命太过短暂，抓住该抓住的，舍弃该舍弃的，才能让人生不留遗憾。

一天，上帝来到人间，与一位智者探讨人生问题。

智者说："我觉得人类是一种很奇怪的动物。他们有时候非常理智，而有时候却非常不明智，而且往往在大的方面失掉了理智。"

上帝便感慨说："这个我也有同感。他们厌倦童年时的美好时光，急着成熟，但长大了，却又渴望返老还童；他们健康的时候，不懂得珍惜健康，往往牺牲健康来换取财富，然后又牺牲财富去换取健康；他们对未来充满焦虑，但往往忽略了现在，结果既没有生活在现在，又没有生活在未来之中；他们活着的时候好像永远不会死去，但死去之后却又好像没活过一般，还说人生如梦……"

智者认为上帝说得十分精辟，他说道："探讨人生的问题，很耗费时间的。你是怎么利用时间的呢？"

"是吗？我的时间是永恒的。对了，我觉得人一旦对时间有了真正透彻的理解，也就真正弄懂人生了。因为时间包含着机遇，包含着规律，包含着人间的一切，比如新的生命、落定的尘埃、丰富的经验和智慧等人生至关重要的东西。"

智者静静地听上帝说着，然后，他要求上帝对人生提出一些忠告。

上帝便从衣袖中拿出一本厚厚的书，上面写着这样的话：人啊！你应该知道，你不可能取悦于所有的人；最重要的不是去拥有什么东西，而是去做什么样的人和拥有什么样的朋友；富有并不在于拥有最多，而在于贪欲最少；在所爱的人身上造成伤害仅有几秒钟，但是治疗它却需要很长时

间；有人会深深地爱着你，但却不知道如何表达；你所爱的，往往是一朵玫瑰，并不是非要极力地把它的刺除掉，最为重要的是，很多事情错过了就没有了，错过了是会变的。

智者看罢这些忠告，激动地说："唯有上帝，才能……"抬头看去，上帝已经远去，只是周围还响着一个声音："对每个生命来说，最重要的便是，只有自己才是自己的上帝。"

人生在世短短几十年，对于世间来说，人只不过是划过夜空的一颗流星。但很多人却在不停地追逐与焦虑中度过了，等到老的时候，才发现，一生中真正留给自己的时间实在是太少了，而后悔则是徒劳的。想要得到无悔的人生，就要学会舍得。

生活中，我们经常会对自己说："等到大学毕业后，我就如何如何"、"等我买了房子之后，我会如何如何"、"等我最小的孩子结婚之后"、"等我把这笔生意谈成之后"……我们总是愿意牺牲当下，去换取未知的等待，最终将一切想做的事情浅搁在漫漫的岁月中。

其实，很多时候，我们不必先等到生活完美无瑕，也不必等到一切就绪，想做什么，现在就做！我们要把每一天都当作新生，加倍地珍惜。

如果你非常爱一个人，就不要吝于表达。如果你的妻子想要红玫瑰，现在就买回来送给她，不要等到下一次，并且还要真诚、坦率地告诉她你是多么地爱她。如果说不出口，就写张纸条压在餐桌之上："我的生命因你而美丽。"千万不要羞于表达，要好好地把握！每个人的生命都会有尽头，许多人经常在生命即将结束时，才发现自己还有许多美好的事情没有做，有许多话来不及说，这实在是人生最大的遗憾。

任何人都无法预料未来，我们无须等到一切都平稳，想做什么，现在就可以开始做。你是否常常在自责自己为何不在双亲在世的时候服侍左右？为什么没能带上他们好好出去玩一次，以至于现在成为奢望？对于亲人的许多愧疚像一根肉刺一般深深地扎进心窝，不敢碰，也不能碰。

所以，从现在开始，不要总是延缓想过的生活，不要吝于表达心中的话语，因为生命只在一瞬间。在你的生命中，有多少事，在你还不懂得珍惜之前已成旧事；有多少人，在你还来不及用心之前已成旧人。遗憾的事情一再发生，但是过后追悔时，才知道自己应该如何如何。要知道，"那时候"已经成为永久的过去，你所追念的人和事已经消失在茫茫的岁月之中。要知道，生命中大部分的美好事物都是极为短暂的，也是易逝的，好好地享受它们，品尝它们，并且学着去善待周围的每一个人，别将时间浪费在等待所有难题的完满结局上。好好把握当下，切莫等待，这样才不至于给自己的人生徒留太多的遗憾。

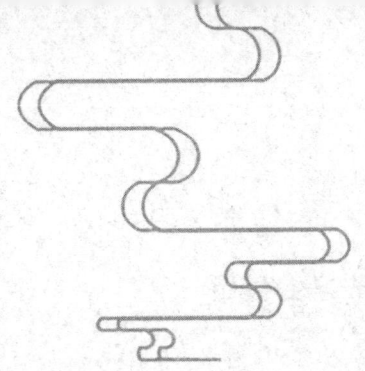

第二章

懂得选择，舍弃后面有大"得"

舍得智慧的本质，在于明智的选择。你有什么样的选择，便会有什么样的人生。你今天的状况都是昨天选择的结果，你未来的状况也是你今天选择的结果。可以说，你有什么样的选择，便会有什么样的人生。所以，面对每一种选择，我们都要谨慎对待，仔细权衡利弊，莫让人生走弯路。

1. 在取得之前，要先学会付出

付出多少，得到多少，这是一个众所周知的因果法则。也许你的投入无法立刻得到相应的回报，但不要气馁，一如既往地多付出一点，因为回报可能会在不经意间，以出人意料的方式出现。

一位旅行者在沙漠中行走了两天，中途遇到了沙尘暴。一阵狂风吹过后，已经认不得正确的方向。正当快撑不住的时候，突然他发现了一幢被废弃的小木屋。于是，他便拖着疲惫的身子走进了屋内。

这是一间不通风的小屋子，里面堆了一些枯朽的木材。他几近绝望地走到屋角，却意外地发现了一个抽水机。他便兴奋地上前抽水，但任凭他如何抽水，也抽不出半滴来。于是，他失望地坐在地上，这时正好看见抽水机旁有一个用软木塞堵住瓶口的小瓶子。瓶子上面贴了一张泛黄的纸条，纸条上面写着：你必须用水灌入抽水机才能够引水！不要忘了，在你离开之前，一定要将水瓶装满！

他便好奇地拔开瓶塞，发现瓶子之中果然装满了水。他的内心开始纠结了。如果自私一点，只要将瓶子中的水先喝掉，便不会渴死，就能够活着走出这间屋子。如果依照纸条去做，把瓶子中唯一的水倒入抽水机内，万一水一去不回，他就会永远地渴死在这个地方了。要不要冒险？最终，他决定将瓶子中的水全部都灌入破旧不堪的抽水机中，他用颤抖的手抽水，水果真大量地涌了出来！他喝足之后，又将瓶子装满了水，并用软木塞封好，然后在原来那张纸条的后面，再写上这样一句话：请永远要相信，在取得之前，要先学会付出。

得到之前，先学会付出，有耕耘才有收获，这是自然社会的重要法则。种瓜得瓜，种豆得豆，想得到什么，必须首先要付出努力。一分辛勤，一分收获。付出越多，收获越丰。这是一条真理。古今中外，事无巨细，无一不在"一舍一得"之中。

杰克刚从学校毕业，他准备在家所在的那条街上开家商店，于是，他便向父亲去征求意见："我想在街上开家店，我应该准备一些什么呢？"

杰克的父亲想了想说："你如果不想多赚钱，现在就可以去租个店面，购买一些货柜，进一些货物，就可以开张了。但是如果你想多赚一些的话，就先得准备为这条街上的邻居们做些什么。"

杰克问："那我应该做些什么事情呢？"

父亲指了指街道说道："要做的事情有很多，比如，街上有很多落叶，经常没人打扫，你每天早晨可以将街道上的落叶扫一扫，还有，邮差送信时有许多信件很难找到收信人，你也可以帮忙找一找。另外，还有许多家庭需要得到一些伸手的小帮忙，你也可以顺便给他们帮一把……"

杰克疑惑地问："做这些与我们开店有关系吗？"他的父亲笑着说："如果你想把生意做得更红火一些，这一切都会对你有所帮助，如果你不希望将生意做好，那么，这一切也许对你没有多大的用处。"

杰克虽然半信半疑，但还是照父亲说的那样去做了。他每天清晨一大早就起来去清扫街道，帮路过的那些邮差送信，顺便给一些老人挑水。不久，这条街道上所有的人都认识了杰克。

一年之后，杰克的商店便正式挂牌营业了，让他惊奇的是，来的客户非常多，整条街上的街坊邻居全部都是他的客户，甚至于一些老人舍近求远地到他的商店里来购买东西。他十分惊讶，问他们："你家门口就有商店，怎么要舍近求远呢？"

街道上的人们说："杰克是个不错的年轻人，到他的店里买东西，很愉快。"

杰克就这样，一边开店，一边继续为街道上的人付出。有时候，有人遭遇了不幸，杰克也会主动登门慷慨相助。

又过了一年多，全城人都知道了杰克的小店，都会来他的小店买东西，于是，他便在全城所有的街道上开了一个个分店，生意像滚雪球般越做越大，仅仅几年的时间，他就从一个一文不名的青年，摇身变成了一个有钱人。

只有先付出，才能得到更多，就像故事中的杰克一般，在开店之前，先付出自己的真心，传播自己的善行，自然就能获得更多人的支持。

在现实生活中，真要"学会付出"，恐怕不是每个人都能够做到的。唯有品德高尚、充满智慧的人才懂得"先付出，后得到"的深义。总之，只要你学会先付出，那么，你的成功人生便会从这里启航！

2. 成功就是正确的取与舍

人生时刻都在面临取与舍的抉择，取是一种态度、一种选择、一种进取的力量；舍是一种明智、一种妥协、一种放下、一种豁达的心胸，一种和为贵的理念和懂得吃亏的智慧。取舍就是善于在得与失之间做出正确的选择，在忍让与包容中保持平衡的心态，在拿与放之间把握人生的脉搏。善于取舍的人比平常人多一分执着，也更多一分睿智。

成功学者研究人们成功的方法，发现诸多人的成功或者失败都并不决定于他是否懂得或知道什么方法，而在于其能否做出正确的取舍和明智的决定。

一位心理学家说，一个人平均每小时会有 6 次选择，扣除掉 8 小时睡眠的时间，一天就要面临 96 次选择，一年则有 35000 次选择的机会。当然，不完全是大事的选择，其中包括起床，一早闹钟响了，你选择起不起床？工作时间到了，你选择到不到单位去工作？成功人士总是能够做出正确的选择，有挑战性的选择，会产生十分可观的经济效益的选择，甚至是长远的选择。人与人最大的差别便是当你面临选择的时候，你所做的决定。

一位音乐家还没成名之前，曾经到异国的街头上去卖艺。在卖艺的过程中，他结识了一位风琴手歌手，于是，他们俩配合得很好。

这位怀揣音乐梦想的年轻人很有追求，他白天卖艺，晚上回到家中就勤奋地学习。不久，他依靠自己的努力，终于考上了美国一所著名的音乐大学。而那位风琴手却不思进取，还经常在钱财分配的问题上与这位音乐家斤斤计较。

后来，经过不断努力，那位怀揣梦想的年轻人已经成为国际上知名的音乐家了。而那位风琴手还在街头拉琴卖艺。一次，年轻人在街头又遇到了当初合作卖艺的伙伴，便过去问候，那位风琴手一开口便问："嘿，伙计，你现在在哪个地区拉琴？"

在同一起跑线上的两位音乐人，正是选择不同，最终的命运也不同。年轻的音乐人因为怀揣梦想，选择了努力学习，考上音乐学院进行深造，最终成为著名的音乐家；而风琴手则仅仅靠卖艺填饱肚皮，几年后，还是一位街头卖艺的流浪汉。

人生是一个不断取舍的过程，你的每一步取舍都有可能决定你的未来乃至命运。拿破仑舍弃了安逸的生活，选择了最能展示才干的军旅生涯，一个科西嘉的"土包子"成为一代伟大的统帅；比尔·盖茨舍弃了学业，选择了创业，才成就了微软王国的财富传奇……成功和命运都是在关键时刻明智取舍的过程，智慧的取舍成就伟人，愚蠢的取舍会让人"一失足成千古恨"。其实，人生关键时候的取舍不仅决定了命运的走向，也决定了你一生是否过得幸福和快乐。

有这样一则故事。

有三个人同时被关进监狱三年，监狱长说，可以满足他们每个人一个需求。美国人爱抽雪茄，所以就要了一箱雪茄；法国人天生浪漫，就要了一个美丽的女子相伴；而犹太人说，我只需要一部与外界沟通的电话。

三年过去了，第一个冲出来的是美国人，他嘴中塞着雪茄烟，并且大声地喊叫："给我火，给我火！"原来，他忘记了要火。接着出来的是一个法国人，只见他手中抱着一个幼小的孩子，而且美丽的女人的肚子里还有一个孩子。最后走出来的是犹太人，他紧紧地握住监狱长的手说道："这三年来我与外界联系，我的生意进展得很是不错，比之前的利润增长了很多，为了表示感谢，我将会送你一辆豪车！"

这个故事看似荒诞，却告诉我们一个深刻的人生道理，即什么样的选择决定什么样的生活，你今天的生活状态是几年前的自己所选择的，而今天我们的选择将决定我们几年之后的生活。

成功的人生源于正确的取舍。在市场经济下，人们会有很多的选择机会：得过且过与努力奋斗，懒惰混日子与踏实肯干，媚俗与持守……学会取舍和选择，往往需要一定的智慧。

罗曼·罗兰说："一只鸟能选择一棵树，而树不能选择过往的鸟。"这句话告诉我们，鸟要选择一棵树是必然的，选择哪一棵树则是偶然的，除非鸟不能飞或者只剩下了一棵树。人的生活就如一棵树，一般来说，不懂得取舍选择，不善于取舍选择的人，只有人去选择生活，或者说去适应某种生活方式。

任何时候，取与舍的选择对于人生来说都是极为重要的，然而，多数人在明白什么是正确的选择的时候，往往已经太迟了。当然了，要做出正确的取舍选择，关键要明白自己想要什么。听从自己内心的声音，才能激发出生命的激情与潜力，获得最终的成功。为此，在奋斗过程中，我们要时刻停顿下来，要结合自身的素质和条件、兴趣和特长，去选择自己的人生目标，走出一条适合自己的人生之路。如果选择了一条正确的道路，那么人生就可以少许多无谓的烦恼、痛苦和遗憾。

那么，什么才是正确的取舍选择呢？其实很简单，就是选择了以后不再后悔。你为自己以前的取舍选择而后悔过吗？这些都是不重要的，后悔不后悔，都已经成为永远的过往，重要的是我们一定要清楚自己当下的取舍选择。

如果当下的你还有选择的权利和机会的话，就一定要珍惜这种权利，紧紧地抓住这个机会，停下脚步，进行深入地思考，做出正确的选择，从而创造更为美好的未来。

3. 世界上没有一件事情是永恒的

凡事保持淡然的态度，得意不忘形，失意不悲观。在任何压力下，都能以一颗欣赏的心去看庭前花开花落，望天外云卷云舒，就能获得内心的安详与宁静，就能活出生命的真色彩。

人生本身就是一场得与失不断重复的游戏，失中有得，得中有失。所以，我们无须过于计较，保持一颗平常心，得意淡然，失意夷然，如此才能让自己在幸福和快乐中体味到人生的真滋味。要知道，这个世界上没有什么事情是永恒不变的，人们铭记于心的是全力以赴的追逐的过程，而这过程之后的成功或者失败都会成为过眼云烟。

1954年，巴西的男女老少几乎都一致认为：巴西足球队一定能够荣获世界杯赛的冠军。然而，天有不测风云，足球的魅力就在于难以预测。在半决赛时，巴西队竟然意外地输给了法国队，结果没能捧着那个金灿灿的奖杯回国。

参加比赛的所有球员都明白：足球是巴西的国魂，他们输掉的不仅是一场比赛，还有人们坚持执着的信念。于是，他们懊悔至极，感到无脸再回去见父老乡亲。他们知道，球迷们的谩骂、嘲笑乃至扔汽水瓶子，是难以避免的。

当飞机进入巴西领空之后，球员们心神不安，如坐针毡。可是，当飞机降落在首都机场的时候，映入他们眼帘的却是另一种景象。巴西总统和两万多名球迷默默地站在机场。人群中有两条横幅格外醒目：

"失败了也要昂首挺胸！""这也会过去！"

球员们顿时泪流满面。总统和球迷们都没有讲话，默默地目送球员们离开了机场。

四年后，巴西足球队不负众望赢得了世界杯冠军。

回国时，巴西足球队的专机一进入国境，16架喷气式战斗机即为之护航。当飞机降落在道加勒机场时，聚集在机场上的欢迎者多达三万人。在从机场到首都广场将近20公里的道路两旁，自动聚集起来的人群超过了100万人。这是多么宏大和激动人心的场面！

人群中也有两条横幅格外醒目：

"胜利了更要勇往直前！""这也会过去！"

球员们对"胜利了更要勇往直前"很是理解，但是对"这也会过去"的话语依然朦朦胧胧……

后来，巴西足球队的队长向写这个标语的人请教，应如何理解"这也会过去"这句话的含义。

写这条标语的老人微笑着给他们讲了一个故事。

据说，伟大的所罗门王有一天晚上做了一个梦。

一位智者在梦里告诉他一句至理名言。这句至理名言涵盖了人类的所有智慧，能使他得意的时候不会趾高气扬，忘乎所以；失意的时候能够百折不挠，奋发图强，始终保持勤勤恳恳、兢兢业业的状态。

但是，所罗门王醒来之后却怎么也想不起来那句至理名言。于是，所罗门王找来了最有智慧的几位老臣，向他们讲了那个梦，要求他们把那句至理名言想出来，并拿出一枚大钻戒说："如果想出来那句至理名言，就把它刻在戒面上。我要把这枚戒指天天戴在手指上。"

一个星期过后，几位老臣兴奋地前来送还钻戒，戒面上已刻上了一句勉励人胜不骄、败不馁的至理名言："这也会过去！"

这个世界没有什么事情是永恒的，"得"很多时候其实就在"失"的一瞬间，同样，你在"失"的同时，也是"得"到。所以，我们无须为失去的而懊悔，也无须为得到的而得意。

得意不忘形，是做人的品质；失意不失志，是积极的人生态度。得意和失意都是人生弥足珍贵的财富。人生没有永远的得意与失意，只有永远的追求与前进。

漫漫人生路，也许每个人都曾经饱尝过因"得意忘形"而酿成的苦果，也因为一度的失意而迷失方向，承受大量失败的考验。但我们从中增长了见识，不同程度地获得过成功，也同样尝到了成功的甜头。正因为有了"得意"与"失意"，才使我们的人生丰富而精彩万分。

范仲淹的"不以物喜，不以己悲"，是一种对得失淡然的心境；王安石的"宠辱不惊"，也是参透了人间繁华后，淡泊于人生得失的自我修炼。生活中，只要我们拥有对生活和对工作的热爱，认真把握好每一天，以一种平和而又谦逊的心态对待人生，无论是"得意"还是"失意"，人生都一样精彩十足。

4. 别在得与失之间徘徊

得失难两全，取舍须三思。如果你向往田园风光，就别留恋城市灯红酒绿；如果渴望金榜题名，就要忍受寒窗之苦；如果崇尚独身主义，就要忍耐孤单寂寞。鱼与熊掌，不可兼得。得失无情，取舍有义，你可以舍弃眼前的利益，不可舍弃人生的追求；你可以不要名利地位，但不可舍弃人格尊严；你可以失去荣华富贵，但不可失去人性的良知。倘若对不该失去的随意舍弃，那才是真正的得不偿失。

一个茂密的森林中住着一群猴子，每天当太阳升起来的时候，它们就会从洞中爬起来到外面去觅食，而当太阳落下山的时候，它们又自觉地到洞中休息，它们很享受这样的生活，日子过得平静又快乐。

有一次，一位游客在旅行的过程中，不小心将手表遗失在森林之中。有一只叫作可可的猴子在玩耍的过程中捡到了。可可是个可爱而聪明的猴子，它很快就知道了手表的用途，并且还每天向其他猴子宣布"准确"时间。正是因为这块手表，可可成了猴王。

可可自从有了手表之后，就意识到这块手表给自己带来了好运，每天用大部分的时间在森林中寻找，希望自己可以捡到更多的手表，给自己带来更多的好运。功夫不负有心人，聪明的可可终于找到了第二块手表，后来经过努力，又找到了第三块。

但是出乎可可意料的是，这三块手表上的时间不尽相同，这给它带来了莫大的痛苦和麻烦，它无法知道哪只手表上的时间是正确的。猴子们渐渐发现，每次来问可可时间的时候，它都吞吞吐吐，不能够快速地回答大家的问题，后来大家愤怒地将可可推下了猴王的位置……

当猴王可可拥有一块手表的时候，它能够准确地确定时间，而当它得到了两块或者更多手表的时候，却使自己迷失了时间，给自己带来了莫大的痛苦和烦恼。这便是"手表定律"。其实，生活中，很多人都因为在得与失面前犹豫不决，而陷入"手表定律"中苦恼不堪。要想摆脱痛苦和烦恼，唯有学会"舍弃"。

颜回居陋巷，一箪食，一瓢饮，也能得意在其中。而秦王统一六国，得到了天下，其中也有失意之时。人生有得必有失，有失也必有得。所以，任何时候，我们都不要过于计较人生的得与失，以坦然的心境面对所有的一切，快乐便如期而至。

有一天，楚王带领众人外出游玩，不小心将自己心爱的弓遗失了。下面的人要去找，楚王说道："不必了，我掉的弓，我的臣民们定会捡到，反正都是楚国人得到，又何必去计较呢？"

孔子听到这个故事，便感慨地说道："可惜楚王的心还不够大啊！为何不讲人掉了弓，自然有人捡得，又何必计较是不是楚国人呢？"

"人遗弓，人得之"应该是对得与失最为豁达的看法了。

生活中，很多人在得到利益时，大都喜不自胜，得意之情溢于言表；而在失去一些利益之时，又感到沮丧和懊恼，心中便愤愤不平，失意之色流露于外。但是，对于那些志趣高雅的人来说，他们在生活中却能够"不以物喜，不以己悲"，并不将个人得与失记在心上，他们能够心平气和地面对得与失，这才是人生的大境界啊！

当我们在得与失之间徘徊时，只要还有选择的权利，那么，就应该以自己的心灵是否能够得到为原则。只要我们能够在得与失之间做出明智的选择，那么，我们的人生就会变得惬意十足。

正确认识得与失，即便是得到了也可能是失去，无论你得到了什么，不妨时常这样提醒自己。这样，你在得到时，便会加倍地珍惜，而在失去时也不会无所适从。

5. 得失寸心知：舍弃成败中的心理障碍

所有的获得都要付出代价：选择了面包，可能就要舍弃爱情；选择了财富，可能就要舍弃健康；选择了事业，可能就要舍弃自由……所有的选择，都只能由自己买单。所以在选择的时候，一定要清楚自己的支付能力。一种选择就是一种代价，不同的选择造就不同的人生。

瓦伦达是美国最为著名的高空走钢丝表演者，在一次极为重大的表演中，不幸失足身亡。事后，他的妻子这样说道："我已经预想到他会出事了。因为他上场前总是不停地说，这次太重要了，不能失败，绝对不能失败；而以前的每次成功的表演，他总全身心地想着走钢丝这件事情，而不去管这件事情所带给他的一切结果。"

这便是心理学上著名的"瓦伦达心态"，指一个人专心致志地做事，而不管这件事所带来的一切，不患得患失的心态。

美国斯坦福大学的一项研究表明，人体大脑中的某一个图像会像实际情况那样刺激人的神经系统。比如一个高尔夫球手击球前一再告诉自己"不要把球打进水中"时，他的大脑中往往就会出现"球掉进水中"的情景，而结果真的就将球打进了水中。这项研究从反面证实了"瓦伦达心态"。现实生活中，多数人做事情，总是患得患失，原本可能做到的事情，因为内心无形的障碍，而没法去做，或者不敢去做。

其实，这种心理障碍是摸不着看不到的。心理障碍比现实障碍对人的阻碍更加厉害，好像一道铜墙铁壁。如果你不去突破它，便会望而生畏，因此却步，这使很多事情都难以成功。

在古代，有一个非常优秀的弓箭手，他射箭百发百中，从来没有失手过。为此，人们争相传颂他的高超射技，对他也十分敬佩。

后来，他的美名也传到了当朝皇上的耳朵里。皇上就命人将他请到宫中来表演，并对他说："今天请你来是想请你展示一下你精湛的射技，如果你射中了远处的那个目标，就赐给你万两黄金，如果射不中，就发配你到边疆充军去。"

这位弓箭手听了皇上的话，一言不发，神色激动。他取出一支箭搭上弓弦，但是心中想着此箭一出就关系着自己的命运呀！一向镇定的他呼吸变得急促起来，拉弓的手也开始抖起来，犹豫再三，箭离弦而去，最终落在离靶心几尺远的地方。

他，脱靶了。这是让人难以置信的事情，但是事实如此。旁边的一位大臣叹道："看来一个人只有真正地将得失置之度外，才能成为真正的神箭手呀！"

一个人考虑得越多，心里的折磨就越大，前进的步伐就越艰难，成功的概率就大大地降低了。而射箭手之所以没能够发挥自己真正的射箭水平，就在于他太过在乎自己的得失，内心顾虑多了，心灵背负的东西重了，失败也就自然降临了。

在生活的道路上，我们可能都要面临各种各样的痛苦选择，就如同掉进深泥潭里一样，当遇到高成本的机会时，很多人常常无法迅速做出选择，因为他们都不愿意轻易地放弃可能得到的东西。因为肩上的东西太多，把已经拥有的抓得太紧，所以才会患得患失，才会导致最终的失败。要知道，如果什么都想要，最后不仅什么都得不到，还会徒增许多痛苦。

为此，我们可以说，舍弃也是需要胆略和智慧的。只有认准心中的真正目标，勇于将得失置之度外，才能减轻内心的痛苦，也才更容易到达成功的彼岸。

6. 学会放下，问题便迎刃而解

如果爱情是束缚，你放下情爱，不就能得到自在了吗？如果骄傲是烦恼，你舍去骄傲，不就能得到清静了吗？如果妄想是虚妄，你舍去妄想，不就能得到真实了吗？如果挂碍是痛苦，你舍去挂碍，不就得到轻松了吗？所以，能舍什么，便能得到什么，这是必然的道理。

一天早上，妈妈在厨房中清洗早餐用的碗碟，三岁的儿子则自得其乐地坐在客厅的沙发上玩耍。突然间，妈妈听到了孩子的哭声，她来不及将手抹干，便冲进客厅里去看孩子。

只见孩子的手插进了放在茶几上的花瓶里，花瓶上窄下阔，他的手伸了进去，就抽不出来了。妈妈想尽了办法，想让孩子把手拿出来，但却不管用。

妈妈便开始焦虑，她稍微用力一点，儿子便痛得叫苦连天。在无计可施的情况下，妈妈只好把花瓶打碎——尽管这个花瓶是一件昂贵的古董，但为了儿子的手能够拔出，这是唯一的办法。

虽然损失不菲，但儿子平平安安，妈妈也就不计较了。孩子的手解脱出来之后，她赶紧让孩子把手伸给她看，生怕损伤一点。好在孩子没有受任何皮外伤，但是他的拳头仍然紧握着无法张开。是不是抽筋呢？妈妈再次惊慌失措。

经过一番努力之后，妈妈终于发现了孩子拳头张不开的原因——他的手中紧紧地握着一枚一元的硬币。原来，孩子的手抽不出来并不是因为花瓶口太窄，而是因为他不肯放弃手中的那一枚硬币，而握成拳头的手是不可能从那么窄的花瓶口抽出来的。

一枚硬币的价值与一个古董的价值是无法相提并论的，因为舍不得一枚硬币，而损失了一个古董，实在是得不偿失。当然，你可以说，他只是个小孩，不懂得孰轻孰重，但是类似的事情却也经常在我们成年人身上发生。舍不得小的，就得不到大的。很多时候，一件事情之所以解决不了，感觉牢牢地被打上了死结，是因为我们不肯放开紧握着的"拳头"。

学会放下，是一种素养，是一种品德，更是快乐人生的重要砝码。其实，懂得放下而又不贪婪的人很多，他们因此享受着"放下"的快乐。

某公司有一笔30万元的外债，多次讨要未果。老板很是头痛，但又无计可施，认为就这样打水漂，还不如出重奖激励讨债者。于是，老板便向内部员工宣布，如果能讨回这30万元，将给予10万元的奖赏。

重奖之下必有勇夫，公司里很快站出来几位能说会道的高手请缨。然而，他们跑了无数次，都是焦头烂额，无功而归，一分钱的债务也没讨回，还白花了一些费用。

眼看着再无勇夫挺身而出，一位为人本分老实的员工却站了起来，他嗫嚅着对老板说道："老板，让我去试试吧！"未等他把话说完，便引来众人一阵哄笑。老板说道："这么多人都讨不回来，你怕也是白费力气！"然而，这位连说话都很是腼腆的员工还是去了。

三天之后，他居然将 20 万元钱交到了老板的手中。众人惊愕之余，纷纷向他讨教到底有何高招。原来，这位员工以诚挚的态度，同欠债人坐到谈判桌上，开门见山地向对方表明，所欠 30 万元，只需要给 21 万元就算两清，并立下了字据，日后绝不再来追讨。对方见讨债人如此宽怀大度，既给自己如此多的甜头，又可了结今后的纠缠烦恼，于是便欣然地交出了21 万元。

与其抱残守缺，不如果断地放弃。事物的价值不在于谁占有，而在于如何占有。放下不一定是损失，也可能是另一种形式的获得。所以，生活中面对无法解决的难题时，不妨学着放下，也许能迎来柳暗花明的另一番景致。

弘一法师说：无论做什么事情，都不要想着占便宜。便宜，天下人都争相拥有。如果我一个人占有便宜，则他人皆与我结怨；我不占便宜，则别人对我的怨气便消除了。轻利足于聚众，忍受小气，才不会招来大气；吃小亏，才不会引来大亏。舍得，并不是纯粹为了舍弃而放下，有时为了得到而有必要果断地放下，不失为人生的一种大智慧。

7. 塞翁失马，换个角度看得失

其实，人生的成败得失、高低起跌是完全可以相互转化的。命运的好与坏、是福是祸，生活是苦是甜，是幸福是苦厄，是快乐是痛苦，关键在于你以怎样的角度和心态去看待。

大维从洛杉矶某大学毕业了，被美国冬季征兵活动选中，将参加最危险的海军陆战队。得知这个消息之后，他感到很紧张，每天都忧心忡忡。

看到大维每天都闷闷不乐的，爷爷便决定与他聊聊天。他对大维说：

"孩子啊，其实你没必要这么忧心忡忡的。到了海军陆战队，你将会有两个机会，一个是留在内勤部门，一个是分到外勤部门。如果你被分到了内勤部门，就完全不必要去担惊受怕了，那些工作是很轻松的。"

爷爷的话，并没有让大维放松，他说："爷爷，去哪个部门也不是我自己选的啊！要是我被分配到了外勤部门呢？"

爷爷笑着说："那也没关系。即使去了外勤部门，你还是有两个选择，一个是留在美国本土，另一个是分配到国外的基地。如果你被分配到美国本土，那又有什么好担心的。"

"那要是我去了国外呢？"大维继续说道。

"这样啊，那你还是有两个机会。第一个，被分配到和平而友善的国家；第二个，你被分配到海湾地区。如果是前者，那么你就什么事情都不会有。"

大维着急地说："可是，我要是真的去海湾了呢？那我不就完蛋了吗？"

"这怎么可能？如果你留在总部，而不是上前线，那么也不会有事。"

"那我要是上前线了，这该怎么办？假设我还受了伤，那我以后该怎么生活？"

"受伤也分程度的。也许你只是轻伤，根本无碍的。"

大维还是不满意，说："那要是不幸身负重伤呢？"

"那很简单，要么保全性命，要么救治无效。如果还能保全性命，还担心什么呢？"

大维最后问道："天啊，要是救治无效，那我该怎么办啊！"

爷爷听完，大笑着说："这更简单了。你人都死了，还有什么可担心的呢？"

与爷爷相比，大维显然在生活的智慧上还有很大差距。大维的爷爷始终明白这样一个道理：无论人生面临什么样的际遇，都会有这样两个机会，一个是好机会，一个是坏机会。好机会中蕴含着坏机会，坏机会中蕴含着好机会，也就是"得"中蕴藏着"失"，"失"中蕴含着"得"，问题的关键是我们以什么样的眼光和心态去对待它。

塞翁失马，焉知非福。人生的得与失都是相对而言的，它就像硬币的两面，得中有失，失中有得，只不过是人看它的心境不同罢了。譬如，面对人生的不幸和灾难，乐观者将它看成是人生的磨砺和考验，于是奋力突破，最终取得了成功；而悲观者则认为是人生的绝境，于是便一败涂地。

大发明家爱迪生为了研制灯丝，曾经尝试过一千多种材料，但都以失败告终。有人嘲笑他说："你已经失败一千多次了，还要继续尝试下去吗？"爱迪生却极为认真地说道："不，你错了。虽然我的试验暂时失败了，但是起码我已经证明这一千多种材料不适合做灯丝。从这一点上来看，我还是成功的。"就这样，爱迪生凭借坚强的毅力，最终发明了电灯，为人类社会的进步做出不可磨灭的贡献。试想，假如爱迪生当初没有以乐观的心态去看待失败，而是从另一个角度去看问题，那他又怎么有后来的成功呢？

由此可见，对同一种境遇，由于看问题的角度不同，我们便会有截然不同的感受。如果我们能够调适心境，以积极乐观的态度去面对人生的种种困难、挫折，相信定能极快地走出逆境，迎来光明。

诚然，在人生的旅途中，没有人能一帆风顺。人生的起起落落、浮浮沉沉是难免的。对不同的生活际遇，我们应以乐观、豁达的态度来看待。得意时，淡然处之；失意时，泰然处之。有时候换个角度看，你会发现，人生原来还有另一番滋味，另一道风景。

8. 不因得失而喜悲

人一旦用得与失来衡量自己的生活，那便只会患得患失，惶惶不可终日，何谈幸福和快乐呢？所以，只有保持一颗平常心，不以物喜，不以己悲，淡然看得失，才能让心灵获得恒久的惬意。

奥弗里是一名普通的小职员，过着平淡且宁静的生活。

忽然有一天，他得到一个意外的消息，将继承一笔海外的遗产——一幢大房子以及收藏品。这突如其来的好消息让他欣喜若狂。于是，他便马上打点行装，准备奔赴海外去继承这意外之财。

同事、朋友纷纷向他表示祝贺，说他如此好的运气，实在是难得！可是就在他刚刚订好机票之后，他便又接到通知说那幢房子突然被大火烧毁了，一切变为灰烬，而房子的保险也过期了，得不到半点的赔偿。

奥弗里空欢喜一场，他又重新回到了他原先的生活。但他像变了个人似的，每天都愁眉苦脸，唉声叹气，怨天尤人。原来那些羡慕他的朋友也开始同情他了。时间一长，见他如此忧愁，整天都无心工作，也只好对他好言相劝。

但无论朋友如何劝慰，他都无法释怀，一直都郁郁寡欢，周围的朋友个个都升职、发达了，而他更加悲愤了，几年之后，他便在一场大病中死去。

奥弗里因为无法接受一时的失去而抑郁寡欢，最终丧命，实在是得不偿失。如果他能看淡得失，便不会酿成悲剧了。其实，得与失只是事物存在的两种状态，它们真实、客观地存在着，如果你看到其中一个状态而去回绝另一种状态，这是片面的行为，也是偏激的。

古来万事都付之流水，万物分分秒秒都在不断地变更之中，得与失都是永恒的。其实，人生的得与失也一样。有得必有失，有失必有得。珍惜得到的、自己拥有的，而不去眷恋失去的、没有的，才能称得上是明智之举。

生活中对于得失的权衡也是极为重要的。自己认准目标，要努力去追求，要学会舍弃，才能让人生精彩，生活丰富。而对于失去的，要保持一颗平常心，你的暂时的失去是为了未来的得到。

一位商人的妻子，平时很是吝啬，这使他很苦恼。于是，便向一位智者求教，说："我的妻子是个吝啬的人，平时我给她的钱只进不出，使我的生意遇到了困难。而且，她也很反对我去做慈善事业，甚至遇到困难的亲戚朋友，她都不肯帮忙。我实在是受不了了，你帮我去开导她吧！"

智者听罢，就跟着这位商人到了家中，发现他的妻子的确很吝啬。见有客人来了，便只端上来一杯白开水，连茶叶都不舍得放。智者并不在乎这些，便接过杯子，将手握得紧紧的夹着杯子喝水。商人的妻子看到了，便哈哈大笑起来。智者问她："你笑什么呢？"她说："大师，您的手是否有毛病呢，为何总是紧紧地攥着？"智者说："这样攥着没有什么不好，我要是天天都这样子呢？"她说："您要是天天都这样，就真的有毛病了，双手一定会变成畸形的。"

"原来如此。"大师一副顿悟的样子，便将双手打开，但是不管做什么，大师的手总是不肯合拢。这又引来她的一阵大笑，说道："大师，您的手不会真的有问题吧，总是张着，时间久了，仍然会变畸形的。"大师便若有所思地说："原来如此，总是攥在手里，天长日久，人的思想会变畸形的；如果你大手大脚，只知道花钱而不懂得储蓄，人的思想也会变畸形的。钱财是用来流通的，只有让它流通起来，才能实现它的价值呀。"

商人妻子的脸顿时红了，她终于明白，智者所做的一切都是为了规劝自己改掉吝啬的缺点。她明白了道理，但是总觉得自己被人戏弄了，便想为难一下这位智者。这时，她家里养的一只小猴子跑了出来，她灵机一动，便顺势将小猴子抱起来，对智者说道："大师您看这猴子长得跟人多像呀。"

智者说："它比人多一身毛，如果它能舍得丢掉这一身的毛，就可以跟我们一样做人了。"这位商人的妻子接着说道："听说您很有智慧，您想想办法将它变成人吧！"智者看出她是在故意习难，便说道："这有何难呢，不过能不能变成人，主要看它自己了。"

说着，智者便伸手拔掉一根猴毛。小猴子疼得大叫，使劲地挣脱，从女主人的怀里逃了出来。智者长叹一口气说道："它一毛不拔，怎能做人呢？"那个人的妻子听罢，心服口服，从此改头换面了。

人生在世，想要得到的东西实在太多，这是人的本性。但是，欲壑难填，欲望会促使很多人只想"得"不愿"舍"，于是便产生诸多不该发生的悲剧。

该舍弃的，一定要学会"舍"。生活的智者，一定能把握舍得之道。可以说，舍得几乎囊括了人生所有的真知妙理，只要我们能够把握其间的尺度，便把握了人生成功的钥匙。

9. 理性权衡舍与得：舍要理智，得靠智慧

"鱼，我所欲也，熊掌，亦我所欲也；二者不可得兼，舍鱼而取熊掌者也。"几千年前的孟子，就已做出了这样的阐述，这正是人们获得成功、获得快乐的最佳心灵读本。懂得果断地放弃和义无反顾地选择，这是一种大智慧，也只有这样的人，才能在成功的道路上越行越远。

一头牛再也不愿意重复繁重单调且没有自由的生活了。一条狗每天在主人家里都吃不饱，有时候主人生气的时候，还经常拿它出气，它再也不愿意给主人看门了。于是，它们俩便约好了晚上一起逃出去，到深山里去过自由自在的生活。

深夜，狗如约来到拴牛的树下面。狗正准备咬断穿着牛鼻的绳子，但牛却阻止了它。狗奇怪地看着牛，问道："怎么了，你改变主意了吗？"牛便摇摇头说："不是，我只是不愿意让这条绳子离开我啊，它已经跟了我几年了，这一走，我什么都没有了，就剩下它了。你还是把它从树身上解下来好了。"

狗无奈之下，只好听从牛的话，好不容易才将牛绳从树上面解下来，然后它们一起奔向旷野中。

狗飞快地向山脚下面跑去，等到它回过头来再去看牛时，主人正牵着牛绳将它往回赶。原来，牛一开始便紧跟在狗的后面，后来长长的绳子绊在了石头上面，等到它费尽全力将绳子拽出来时，主人已经追了过来。

我们可能会嘲笑牛的愚蠢，但是，现实中很多人在面对选择时，何尝不是如此呢？他们在面对人生的重要抉择时，总是犹豫不决，对已经得到的感到食之无味，弃之可惜，对还未得到的又觉得放弃可惜，却又无法承担得起，如此忧虑苦闷，最终错失良机，延缓成功。

著名画家米开朗琪罗曾经受托于国王为一座教堂的天庭绘画。绘画工作进行了一段时间之后，他感到很不满意。苦闷之余，他就走进一家酒馆

之中，正巧有一位酒客向酒家强烈抗议酒已经发酵了，此时酒馆老板品尝过之后，就决定倒掉所有的酒缸中苦心酿好的酒。当场向在场所有的顾客宣布：酒酸了，就立即倒掉！

米开朗琪罗看在眼里有所顿悟，他觉得自己突然有了灵感，就立即跑回到教堂中，将自己画好的图案全部涂抹掉，按自己新的构想完成了举世不朽的巨画。

犹豫不决曾经使他在忧虑之中苦闷至极，而决断力则为他带来了无比的成功和快乐。

在人生前进的道路上，果断的决策能使你很好地抓住难得的机遇、灵感，给你带来无比的快乐。而患得患失的忧虑，只会使你失去更多成功的机会。

生活中，很多人会因为缺乏远见卓识或因为缺乏辨析与思考，做出了错误的选择。要知道，得与失不会顾及我们的感受，它需要与理性为伍。即舍要理智，得靠智慧，唯有如此，才能收获更多。

齐国的大将田忌，很喜欢赛马。有一次，他和齐威王约定，要进行一场比赛。

他们事先商量好，把各自的马分成上、中、下三等。等比赛的时候，要上马对上马，中马对中马，下马对下马。因为齐威王每个等级的马都比田忌的马要强悍很多，所以比赛了几次，田忌都失败了。田忌觉得很是扫兴，比赛还没有结束，便垂头丧气地离开赛马场。这时候，田忌发现自己的好友孙膑在人群中。孙膑也看到了他，便招呼田忌过来，拍着他的肩膀对他说："我刚才看了赛马，威王的马比你的马快不了多少呀！"孙膑还没有说完，田忌瞪了他一眼："想不到你也来挖苦我！"

孙膑说："我不是挖苦你，我是说你再同他赛一次，我有办法准能让你赢了他。"田忌疑惑地看着孙膑说道："你是说另换一批马来？"孙膑摇摇头说："不需要换马。"

田忌毫无信心地说："那还不是照样得输！"孙膑则胸有成竹地说："你只要按照我说的办就是了。"齐威王屡战屡胜，正在得意扬扬地夸耀自己的马匹的时候，看到田忌陪着孙膑迎面走来，便站起来轻蔑地说："那就来吧！"

一声锣响，赛马又开始了。

孙膑让田忌用下等马对齐威王的上等马，第一场输了。

接着便进行第二场比赛。孙膑让田忌拿上等马与齐威王的中等马比，于是便胜了第二场。齐威王有点慌乱了。第三场，田忌让中等马与齐威王的下等马比赛，又胜了一场。这下，齐威王目瞪口呆了。

比赛的结果，田忌胜两场输一场，最终赢了齐威王。

还是原来的马匹，只是调换了一下出场的顺序，便转败为胜了。

故事中的田忌刚开始只是一味地硬对硬，希望一局也不输，但最终却因实力的差距，输掉了比赛。孙膑则巧妙地利用了自身的优势，先输掉一局，却保存了实力获得了最后两局的胜利，最终赢得了全局的胜利。

在权衡得失的时候，如果我们缺乏长远眼光，很容易被眼前的利益所迷惑，从而错失更美好的事物。当然，人之所以短视，主要是我们都太过现实：不肯放弃眼前的"得"，又无法忍受"失"。面对人生选择的时候，唯有少一些冲动、侥幸，才能够冷静并理智地对待得与失。

10. 挫折铸就辉煌，不幸酿造坚强

没有经历过风雨折磨的禾苗永远结不出饱满的果实，没有经历过挫折的雄鹰永远不能高飞，没有经历过磨难的士兵永远当不上元帅……这些就是自然界告诉我们的一个极为简单的真理：一切事物如果要变得更为坚强，就必须要经历一些不幸和困境，它们是我们不断迈步的推动力。

在任何时候，失与得都是相对的，失即是得，得即是失。当今的市场变幻莫测，在事业的迈步阶段，偶尔的得失难以避免，我们应该拥有面临一切，战胜一切的勇气，才能让"失去"转变为"得到"，才能让"挫折"增强生命的力度，铸就辉煌的人生。

哈佛商学院的约翰·卡拉教授说道："我们可以想象得出，在 20 年前

董事会在讨论一个高级职位的候选人时，有人会说：'这个人 32 岁时就遭受过极大的失败。'其他人会说：'是的，这不是个好兆头。'但是今天，同一组董事会却会说：'让人担心的是这个人还未曾经历过失败。'"由此可见，在很多时候，失去也是一种得到，一时的挫折和不幸，可以转化为丰富的人生经验，砥砺一个人的性格，使其用坚强和韧性去铸就辉煌的人生。

有这样一个故事。

有一位渔夫，有着极高的捕鱼技术，因为他从小就善于捕鱼，所以，很早的时候，就积累下了一大笔财富。然而，随着年龄的增长，年老的渔夫一点也不快活，因为他经常为自己的三个儿子发愁，三个儿子的捕鱼技术都很平庸。

因此，他就向长年生活在海边的一位智者倾诉心中的苦闷："我总是搞不清楚，我的捕鱼技术如此好，而我的三个儿子为什么没有一个能够成才的？从他们懂事的时候，我就开始不停地将自己的捕鱼技术传授给他们，我总是从最基本的开始教起，总是告诉他们如何织网最结实，最容易捕到鱼，如何划船才能不惊动水中的鱼，如何下网最容易请鱼入瓮。他们长大之后，我又传授给他们如何识潮汐，辨鱼汛……我多年来辛辛苦苦积累出来的经验，我都毫无保留地传授给了他们，但是为何他们的捕鱼技术还不如海边那些普通渔民家的孩子们？"

智者听了他的话，便问道："你一直是这样手把手亲自教他们的吗？"

"是呀，为了让他们学会一流的捕鱼技术，我教得很是仔细，很是认真，从来没保留什么！"渔夫回答。

"他们也一直跟随你吗？"智者又问道。

"是的，为了让他们少走弯路，我一直让他们跟着我学习。"渔夫说道。

智者说："这样说来，你的儿子们的捕鱼技术就不会好到哪里去。你只知道传授给他们捕鱼技术，却从来没有传授给他们教训，也不让他们亲自下海多演练，没有经历任何挫折和艰险，如何能准确地领悟到你的那些经验呢？没有经历过磨难，哪里能真正地掌握捕鱼技术呢？"

渔夫的儿子们因为从未经历过任何的磨难，没有遇到过任何的挫折，他们是无法成长的。生活中，只有经历磨难的人，才能够更快、更好地成长，生命只能在不幸与困境中得以升华。在人生的迈步阶段，总会遇到灾难、失业、破产、疾病等各种各样的厄运，即便你比较幸运，没有遭遇那些，也可能会遇到来自生活的各种各样的压力和烦心事，当你真正面对它们的时候，就一定要用一颗感恩的心去拥抱它们，正是它们才给予了你更多成长和锻炼的机会，才会让你以更为坚强的心态去面对生活中的一切。

美国第32任总统富兰克林·罗斯福的成功，很大程度上就是他的不幸铸就的。

富兰克林·罗斯福天生是个口吃，说话总是断断续续、含糊不清，而且天生容易紧张，每当有人与他说话，他的脸上总是表现出极为惊恐的表情，而且全身还不时地发抖。

和他一样年龄的小朋友如果遇到这种情形，定会拒绝各种活动，可能也会离群索居，不会与其他人交往，只会顾影自怜，唉声叹气。然而，小罗斯福并没有这样做，虽然天生容易紧张，但是他能够积极地面对人群，即便是同伴们嘲笑他，他也会不以为然。每次在紧张时，他会坚定地对自己说："只要我用力地咬紧牙关，努力不颤动，不久我就能克服紧张的情绪了！"

小小年纪的罗斯福，每天总能够坚定地告诉自己："这些缺陷算不了什么，咬咬牙努力克服，就能收获生命的精彩！"每当看到其他的小朋友活力十足地参与各种公共活动时，他都要强迫自己参加，无论自己的口吃会招致多少人的反感。当恐惧产生时，他都会对自己说："我一定能行！"渐渐地，他克服了自己的这些生理缺陷，并且凭着他的奋斗与自信，最终成为美国总统。

对此，他说："交朋友是一件极为快乐的事情，只要我用快乐的态度与人交往，即便本身的外在形貌再差，人们也仍然会愿意与我交往的。因为每个人都喜欢快乐，不是吗？"

面对生理上的不幸，罗斯福并没有陷入悲伤之中，而是将之转化为生命前进的动力，最终收获了成功和快乐的阳光。生理上的不幸都能克服，只要我们内心是积极的，生活中的不幸又如何能阻碍我们前进的步伐呢？为此，在人生的迈步阶段，当遇到突如其来的不幸时，千万不要自暴自弃，悲观厌世，只要内心充满积极的力量，一样能够获得精神上的自由与快乐。

亨利·福特这样说道："从挫折和磨难中崛起的成功者对那些事业陷入泥潭中的人是一个楷模，太多的人因为寻求安稳的职位，导致停滞不前，最终一事无成！"这也说明，经历磨难和挫折的人，表面看上去是"失去"，实则是"得到"，从磨难与不幸中崛起的成功者，才是真正的成功者。这也正如莎士比亚所说："不幸酿就甜蜜。"失败与错误对于处于奋斗阶段的人们来说，都是不可避免的，从长远的角度来看，它带给人的并非仅仅是损失，还有极为丰富的经验和教训，很多人正是踏着这些宝贵的财富一步步登上事业的巅峰的。

11. 帮助他人，便是帮助自己

人生的十个"不要等"：想要得到爱时才学会付出；有求于别人时才想念起你的朋友；丢了职位时才去努力工作；失败时才记起他人的忠告；生病时才意识到生命的脆弱；分离时才后悔没有珍惜感情；有人赞赏你时才相信自己；别人指出时才知道自己错了；腰缠万贯时才准备帮助穷人；临死时才发现要热爱生活。这些都不要等。

一天，一个贫穷的小男孩为了攒够学费正挨家挨户地推销商品。饥寒交迫的他摸遍全身，却只有一角钱。于是他决定向下一户人家讨口饭吃。然而，当一位美丽的年轻女孩打开房门的时候，这个小男孩却有点不知所措了。他没有要饭，只乞求给他一口水喝。这个女孩看到他饥饿的样子，就倒了一大杯牛奶给他。男孩慢慢地喝完牛奶，问道："我应该付多少钱？"

女孩微笑着回答："一分钱也不用付。我妈妈教导我，施以爱心，不图回报。"男孩说："那么，就请接受我由衷的感谢吧！"说完，小男孩就离开了这户人家。此时的他不仅自己浑身是劲儿，而且更加相信上帝和整个人类。

数年之后，那个女孩得了一种罕见的病，当地医生对此束手无策。最后，她被转到大城市医治，由专家会诊治疗。大名鼎鼎的霍华德·凯利医生也参加了医疗方案的制定。当他听到病人那个城镇的名字时，一个奇怪的念头瞬间闪过他的脑际。他马上起身直奔她的病房。

身穿手术服的凯利医生来到病房，一眼就认出了恩人。回到会诊室后，他决定一定要竭尽所能来治好她的病。从那天起，他就特别关照这个对自己有恩的病人。

经过艰苦的努力，手术成功了。凯利医生要求把医药费通知单送到他那里，他看了一下，便在通知单的旁边签了字。当医药费通知单送到她的病房时，她不敢看。因为她确信，治病的费用将会花费她的余生来偿还。最后，她还是鼓起勇气，翻开了医药费通知单，旁边的那行小字引起了她的注意，她不禁轻声读了出来："医药费已付，一杯牛奶。（签名）霍华德·凯利医生。"

喜悦的泪水流出了她的眼睛，她默默地祈祷着："谢谢你，上帝，你的爱已经通过人类的心灵和双手传播了。"

著名的文学家爱默生说："人生最美丽的补偿之一，就是人们真诚地帮助他人之后，同时也帮助了自己。"就是说，我们在为别人提供帮助的时候，其实就是在帮助我们自己。就像故事中的小女孩一样，正是当年的一个小小的善举——赠人一杯牛奶，最终被人挽救了生命。

俗话说："赠人玫瑰，手留余香。"我们在给予别人的时候，自己也会有收获。其实，我们在帮助别人的时候，就是在舍弃自己的东西，既然有舍弃，就一定会有收获。我们每个人都并非独立地存在于这个世界上，每个人都会遇到困难，遇到自己所解决不了的问题，这个时候，我们一定是需要向他人求助的。如果我们能够得到别人的帮助，那么，一定要心存感激，在他日也要主动帮助他人。

在美国加州的一个风雪交加的夜晚，一位名叫约翰逊的年轻人因为汽车"抛锚"被困在了郊外。

就在他万分焦急，需要人帮助的时候，一位骑马的男子正巧经过这里。见此情景，这位男子二话没说，便用马帮助约翰逊将汽车拉到了小镇。事后，当他激动地拿出一沓厚厚的钞票给对方酬谢的时候，这位男子却说："我不需要回报，但我要你给我一个承诺，当别人有困难的时候，你也要尽力去帮助他人。"于是，在后来的日子中，约翰逊便不计回报地主动帮助了很多人，并且每次都没有忘记转述那句同样的话给所有被他帮助过的人。

在许多年之后的一天，约翰逊被突然暴发的洪水困在了一个孤岛上，一位勇敢十足的少年冒着被洪水吞噬的危险救了他。当他感谢少年的时候，少年竟然说出了那句约翰逊曾经说过无数次的话："我不需要回报，但我要你给我一个承诺……"

顿时，约翰逊的胸中涌起了一股暖流："原来，我穿起的这根关于爱的链条，被周转了无数的人，最终经过这位少年还给了我，所以，我一生做的所有好事，全部都是为自己做的。"

爱出者爱返，福往者福来。爱是一盏灯，照明别人，也在温暖自己。所以，生活中，要尽可能地向他人伸出援助之手，最终你将会与约翰逊一样，感受到：一生做的所有好事，全部都是为自己做的。

这是一个合作型的社会，人与人之间更是一种互助的关系。唯有我们先去善待别人，善意地帮助别人，才能处理好人与人之间的关系，获得良好的人缘，才能使自己的道路更为顺畅。

同时，帮助别人也是在强大自己。你所施予别人的帮助，并非是你自己失去的。当你满怀热忱地去帮别人解决某一问题的时候，便会产生一种在自我状态下难以萌生的"智能受激状态"，一个具有积极心态的人，在这种情况下就会促使自己的身体与精神处于一种"总动员"的状态，使自己的能力有更为出色的表现。也许，别人求助的问题，有可能是你未遇到过的，你为别人解决了难题，也增长了自身的才智，使自己更为出色。

佛家有语，"施比受有福"。因为施，是给予，是帮助他人，是自己有价值、有能力的具体表现。而受，是接受别人的恩惠，是让别人来拯救自己，是弱者的行为。所以，在生活中，我们要常怀助人之心，多去帮助别人，那么，你获得的不仅仅是快乐，可能还会是更大的惊喜。

12. 给他人留后路，就是给自己留后路

人活在世上，不应该只关注自己，一心只为自己。要多想着他人，要知道：给他人留路，其实就是给自己留路。

俗话说："过头饭不可吃，过头话不可讲。"人不是生活在一时一刻，也不是与他人只有一次的接触。聪明的人懂得给自己留退路，懂得给他人留余地。表面上宽容了别人，而实际上也是为自己铺路，为自己留下回旋的余地，否则就会走入死胡同，使自己前无出路，后无退路。

有一天，狼在搜寻食物的时候发现山脚下有个山洞，各种动物一般都在此洞中出入森林。狼非常高兴，它想，如果自己能将这个山洞堵住，便可以轻而易举地捕到各种各样的食物了。于是，它便堵上了洞的另一端，等着动物们前来送死。

第一天，来了一只山羊，狼追上前去，山羊便拼命地逃窜。突然，山羊找到一个可以逃生的小偏洞，从小洞仓皇逃窜了。狼便气急败坏地堵上那个小洞，心想，再也不会功败垂成了吧？第二天，来了一只兔子。狼便奋力追捕，结果，兔子便从洞侧面的更小一点的洞口逃生。于是，狼把类似大小的洞都全部堵上了。狼心想，这下就万无一失了，别说是羚羊、斑马了，就连鸡、鸭等小动物恐怕也跑不掉了。

第三天，来了一只松鼠。狼飞奔过去，追得松鼠上蹿下跳。最终，松鼠从洞顶上的一个通道跑掉了。狼非常气愤，于是，它堵塞了山洞中所有的窟窿，将整个山洞都堵得水泄不通。

狼对自己所做非常满意。第四天，来了一只老虎，狼吓坏了，拔脚就跑。老虎穷追不舍。狼在山洞中跑来跑去，因为没有出口，便无法逃脱，最终，狼被老虎吃掉了。

凡事都有度。做事一定要留有余地。其实，古人早就告诉了我们这个道理："不焚林而猎，不涸泽而渔。"曾国藩说过："凡事都留有余地，雅量能容人。"巴尔塔沙·葛拉西安在《智慧书》中也写道："把对的推向极

端，它就成了错的；把甜橙的汁水榨干，它就成了苦的。即便是赏心乐事，也绝不要走极端，过犹不及。"这告诉我们，为人处事要把握好"度"，万万不可把事情做绝，要时时处处为自己和别人留下回旋的余地，不要把人往绝路上逼。事后，你将会获得意想不到的收获。

有一天，楚怀王设宴大宴群臣，犒劳各位将军与大臣，那一夜歌舞升平……

当酒过三巡，华灯初上，楚怀王兴致很高，于是就召唤后宫的妃子出来为各位大臣、将军敬酒。在所有的妃子中，许姬是最漂亮的一位，吸引了所有人的眼光。

当许姬为一位将军敬酒的时候，灯忽然灭了，于是那个将军就趁机揩油，握住了许姬的手，而此时许姬也乘机摘掉了那位将军头上的红缨。

许姬就向楚怀王说了刚才的事情。怀王听罢，并没有大怒，而是让在座所有的将军都摘掉头上的红缨，所有的大臣都把随身的象征身份的玉佩也解下来，然后让宫中的太监收了起来。当灯再次亮起的时候，所有的将军头上都没有了红缨。

在座所有的人，只有那位将军明白大王是用这种方式宽容了自己，于是心存感激之情。

后来，在一次战斗中，楚军被许多的敌兵围困，陷入欲进不能，欲退无路的地步，楚怀王大急，就在此时，旁边有一员大将杀出，威猛无比，奋不顾身，杀得周围的敌兵四处溃散，最终，挽救了楚怀王，也结束了那场战斗。而这员猛将正是那天那位被宽容的将领。

给他人留余地，学会宽恕他人，大则可以拯救一场战争，拯救一个民族，一个国家。所以，生活中，我们应该学会用一颗博大的心去宽容别人，这样也是在给自己留后路。

《红楼梦》中的平儿，虽然是凤姐的心腹和左右手，但在待人处事方面，却始终注意为别人留后路，既没有犯凤姐所说的"心里眼里只有了我，一概没有别人"的错误，更不像凤姐那样把事情做绝。平儿对于众人绝不依权仗势，趁火打劫，而是时常私下里进行安抚，加以保护。一方面缓和化解众人与凤姐的矛盾；另一方面顺势也做了好人，为自己留下了余地和退路。凤姐一死，大观园一片败落，平儿却多次获得众人的帮助渡过难关，终得回报。

总之，世间事变化诸多，无论你做什么事情，说什么话，都要给别人和自己留余地。建筑楼群，要留有一些空地给绿树、花草、阳光、空气；铺筑路面，每到一定的距离，便要留下"余地"，以免路面发生膨胀；书面"留白"，是给读者留下想象的空间；保护自身的隐私，是给心灵留一份隐秘的余地；保守批评，是给别人留下改过自新的机会；含蓄表扬，是给人留下继续进取的余地。不要一下子把路堵死。做事留余地是一种美德，是一种智慧。不给别人留余地就是断了自己的后路，不给自己留余地就是把自己逼上了绝路。

13. 接纳事实，为失去的心存感恩

幸福源于一颗感恩的心，你若能事事感恩，你便会没有无休无止的抱怨，没有上下不定的忧虑，没有左右为难的纠结，没有瞻前顾后的算计，没有患得患失的犹疑，没有担惊受怕的恐惧，没有低声下气的巴结。你的人生便会从容淡然，安稳笃定，和如春风。

在法国的一个小镇，传说有一眼特别灵验的泉水，只要你能诚心地对它祈祷，它便会出现神迹，可以医治各种各样的疾病。

有一天，一位挂着拐杖、少了一条腿的退伍军人，一跛一跛地行走在镇上的马路上，向着那眼泉水的方向走去，镇上的村民们看到之后，便带着极为同情的口气说："可怜的家伙，难道你要向上帝祈求再拥有一条腿吗？"他们本是互相讨论，没想到这话传到了军人的耳朵中，他便转过身对他们说道："我不是要向上帝祈求一条新的腿，而是祈求上帝能够帮助我，让我知道少了一条腿之后如何过日子。"

学习为所失去的感恩，也接纳失去的事实。不管人生的得与失，总是要让自己的生命充满了亮丽与光彩。不再为过去掉眼泪，努力地活出自己的尊严。

艾丽·凯特是一位芭蕾舞者，因为长期的艰苦训练使脚变了形，大家都为她感到惋惜，以为她会为自己拥有如此曼妙的身材却有一双如此丑陋

和沧桑的脚而痛苦，然而她却笑着说："一穿上这双舞鞋，我便根本无法停下来了。这双脚越是丑陋，就代表我离成功越近。"最终，她便凭借自己坚强的毅力成了世界上顶级的芭蕾舞演员。

这位芭蕾舞演员能积极地接受事实，并对失去的心存感恩，最终才登上了艺术的殿堂。由此可见，树立积极的心态，接纳无法改变的事实，确实能够改变不幸的人生际遇。如果你体会到这一点，那么就用积极的心态去面对你所遇到的不幸的事实吧，并以感恩的心态对待它，它将会成为你生命的强大动力，促使你迈向更高更远的方向。

在美国有一位坚强的小男孩，在他很小的时候，就发生了这样一件不幸的事情。一次，他与邻居家的几个小朋友在密苏里州的一间荒废的老木屋的阁楼上面玩耍，由于太过兴奋，一不小心，就从高楼上滑了下去。手指因为偷戴着妈妈的一枚戒指，在滑落的过程中刚好勾住了一根钉子，一股强大的力量就将他的整个手指都脱了下来。他尖声地叫道，鲜血直流，所有的孩子都吓坏了，这个小男孩认为自己一定活不下去了。然而，他却坚强地活了下来，同时也失去了一根手指。

他是一个极为乐观的人，经过长时间的治疗，他的手好了之后，他再也没为此而烦恼过。因为他明白，烦恼是没用的，他就接受了这个不可能改变的事实，他根本没有为此而感到自卑。

后来，他凭借自身坚强的毅力，开创了全新的社会学，被尊为社会学大师，它就是美国家喻户晓的拿破仑·希尔。

拿破仑·希尔固然经历了不幸，但是他却能将这种不幸转化为生命的动力，并获得了成功，可以说是不幸和磨难造就了他。

在岁月的长河之中，每个人都会遇到一些令人不悦的情况或者麻烦的事情，在这个时候，与其悲伤难过，不如乐观地接受它，并且主动去适应它。这样便可以用自己的积极乐观去淹没那些不幸，最终让这种不幸转变为一种幸运的事情。相信这些不幸总会成为过去，没有必要给自己制造更多的麻烦。不要让一时的不如意困住你的心情，笑一笑，以乐观的心情面对，你就会发现，天大的问题终究有解决的方法，再大的困难终究会成为自己的一笔巨大的精神财富。

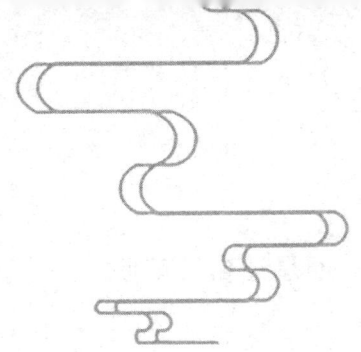

第三章

懂舍善得，舍得是一种处世方略

古人说："忍一时风平浪静，退一步海阔天空。"如果你领悟了舍得之道，在与他人交往中，就要懂得向后退一步，如此才能收获和谐、快乐和幸福，才能得到他人的帮助，获得更为广阔的发展空间。

在人际交往中，取舍之间显本色，舍得之间显智慧。该取的要取，该舍弃的要舍。勇于进取是一种精神，而懂得忍让，知晓后退，却是一种处世的谋略。

1. 仇恨是重负：学会放下，便是让自己解脱

痛苦，是因为舍不得；幸福，是因为舍得。忧郁，是因为舍不得；快乐，是因为舍得。

德国古典哲学家康德曾说，生别人的气是在拿别人的错误来惩罚自己。当我们对对方产生恨意，生别人气的时候，那个被仇恨者会因为我们的生气而受到应有的惩罚吗？他们会因为我们的仇恨而去改变自己的行为吗？当然不会！要知道，那些错误是别人造成的，我们不该用对方的错误来惩罚自己，如果你能理解这些，心境就会开朗很多。

一位智者，每天都会为很多人解答疑惑。这一天，智者家里来了几十个人，全都是心中充满了仇恨而因此活得痛苦的人。他们过来就是请智者帮他们想一个办法，消除心中的仇恨。

智者听说他们的痛苦之后，便笑着对他们说："我屋里有一堆铁饼，你们把自己所仇恨的人的名字一一写在纸条上面，然后再将名字贴在铁饼上面，最后再将那些铁饼全部都背起来。"大家都不明白，但还是按照智者的说法去做了。于是，那些仇恨少的人就背上了几块铁饼，而那些仇恨多的人就背起了十几块甚至几十块铁饼。

一块铁饼有两斤重，背几十块铁饼就有上百斤重。仇恨多的人背着铁饼难受至极，一会儿就叫起来了："能让我放下铁饼歇一会儿吗？"智者说："你们感到很难受吧！你们背上的岂止是铁饼，那是你们的仇恨，这些仇恨你们可曾放下过？"大家便不由得抱怨起来，私下里说道："我们是来请你帮我们消除痛苦的，你却让我们受这样的罪。还说自己是智者，我看也不过如此！"

智者听到了，一点也不生气，反而微笑着对这些人说："我让你们过来背铁饼，你们就对我产生恨意了，可见你们的心胸很小啊！你们越是恨我，我就越是要你们背！"

这个时候，有人高声喊了起来："我看你是在想法子整我们，我不背

了!"那个人说着当真就将身上的铁饼放下了。接着又有人将铁饼放下了。智者见了，只笑不语。终于大部分的人都撑不住了，一个个都悄悄地将身上的铁饼取下一些扔掉了。

智者见了说："大家都放下吧!"大家一听便立即将铁饼放了下来，然后坐在地上休息。

智者便笑着说："现在，你们感到很轻松，对吧。你们的仇恨就好像那些铁饼一般，你们天天背负着它，这就是你们感到痛苦的原因。如果你们能将它们放下，便会如释重负。"大家听罢不由得相视一笑，各自吐了一口气。智者接着说："你们背铁饼背了一会儿就感到痛苦，又怎能将仇恨背负一辈子呢? 现在，你们心中还有仇恨吗?"大家笑着说："没有了。你这办法真好，让我们不敢也不愿再在心里存半点仇恨了。"

智者笑着说："仇恨是重负，一个人不肯放弃自己心中的仇恨，不能原谅别人，其实就是自己在仇恨自己，自己跟自己过不去，自己让自己受罪! 仇恨越多的人，他也就活得越苦。一个人没有仇恨之心，他才能活得快乐!"大家恍然大悟。

我们仇恨他人，也就像背着铁饼一般痛苦，要想解除这种痛苦，获得轻松和快乐，唯有勇于放下。然而，生活中，有多少人能坦然面对让我们产生恨意的人呢? 上司犯了错，却将责任推给自己，你若生气，怒发冲冠，声色俱厉，最终伤的还是自己；有人在背后说你坏话中伤你，你若内心委屈，心中不平，伤的也是自己；孩子不听话，你若生气，最终伤的还是自己。别人犯了错，理应受到惩罚，而你如果生气，便是自己代替别人受惩罚。所以，试着把对别人的愤怒和不满送给对方吧，那本不属于你。在任何时候，我们都没必要为了那些不属于自己而又烦扰自己内心的事情多停留，多一秒的停留就会多一分烦恼，多一分对自己的折磨。

生活中，令人不平的事确实太多了，但是生气除了给你增加烦恼和痛苦外，还能给你带来什么呢? 所以，从现在开始，千万不要再因为别人的一点小过错而伤害自己，让自己生气，是危害自己健康的行为。

印度诗人泰戈尔曾说："不让自己快乐起来是人最大的罪过。"生气就是跟自己过不去，面对他人的过错，能够保持镇定的人，才是生活的智者。

2. 放下过往的怨恨和不幸

人生无不是一舍一得的过程，你舍得拿出自己的快乐与他人分享，一份快乐就会变成很多快乐；你舍得拿出自己的真诚，那么你就会得到坦诚相待的人；你舍得拿出微笑，回报你的就会是一张张笑脸；你舍得拿出爱，满眼看到的将会是爱的风景。

杰瑞是个不幸的人。23岁的时候，他被人陷害，在监狱里关了10年。

后来，冤案告破，出狱后，他便开始了常年累月的反复控诉、咒骂："我真是不幸，在最年轻有为的时候遭受冤屈，在监狱里浪费了人生最美好的时光。那简直不是人待的地方，狭窄得连转身都很困难，窄小的窗口中几乎看不到阳光，冬天寒冷难忍，夏天蚊虫叮咬，我不明白上帝为何不惩罚那个陷害我的家伙，即便将他千刀万剐也难解我心头之恨！"

73岁那年，在怨恨交加中，他终于卧病不起。

弥留之际，牧师来到他的床边，说道："可怜的孩子，去天堂之前，静心忏悔你在人间的一切罪恶吧！"

病床上的他依然对往事怀恨在心、耿耿于怀："我没有什么需要忏悔的，我需要的是诅咒，诅咒那些施于我不幸命运的人。"

牧师便问道："你因受冤屈在牢房中待了多少年呢？"

他便恶狠狠地将那个数字告诉了牧师。

牧师便长长地叹了一口气，说道："可怜的人啊，你真是世界上最不幸的人，对你的不幸我感到万分的同情和悲痛。他人囚禁了你10年，而当你走出监狱本应该享受自由和快乐时，却被你心底的仇恨、抱怨、诅咒囚禁了自己整整40年。"

生活中，过去的就让它过去吧，我们的内心承载不了太多的过往，无论它是痛苦还是辉煌。在漫漫人生道路上，有太多的酸甜苦辣，太多的喜怒哀乐、悲欢离合，过去的已经成为永久的过去，如果我们将那一切的痛苦都背负在心上，不停地折磨剩下的美好的生活，走得岂不是太累？你还如何去体味人生的其他乐趣呢？

人生中所谓的得与失，在很多时候是没有任何实际意义的，但是被带入其中无法挽救的或恶劣、或悲伤、或仇恨的心情，却可以使人们改变对整个生命或生活的看法和感受。这种消极的心情所引起的得与失，比起物质上的得与失更加致命，因为这种失去是最为昂贵的，是我们永远也支付不起的。既然如此，为何我们不能忘记过去的一些恩恩怨怨，开始自己的新生活，却非要选择在回不去的记忆中过度感伤，使自己的心灵倍受折磨呢？

19世纪，美国有一位著名的建筑大王叫凯迪，还有一位有"飞机大王"之称的克拉奇，两个人是很要好的朋友。

刚好凯迪有一个女儿，而克拉奇有一个儿子，因为两家的关系很紧密，所以，两人就打算撮合他们的儿女成婚。但是，这两个年轻人走到一起后，关系进行得并不顺利，吵架打闹是经常的事情。因为两家都是名流巨富，对于儿女们的这种关系，凯迪和克拉奇大伤脑筋。

但是，令所有人没想到的是，事态变得严重起来了。凯迪的女儿竟然被人毒害，而据警方详细调查后，杀人凶手正是克拉奇的儿子。为此，克拉奇的儿子也被关进大牢中，两家人的身心因此也受到沉重的打击。

从此以后，两家的关系就变得极为紧张，他们的生活也变得暗无天日。令凯迪一家较为恼火的是，克拉奇的儿子在事实面前却从来不承认是自己杀害了凯迪的女儿，而克拉奇也极力地为儿子的罪行拼命奔走上诉。如此一来，两家便结下了深仇大恨，两家人也开始进行明争暗斗的较量，双方也都损失惨重。

一年以后，法院做出终审，克拉奇的儿子因谋杀罪被判终身监禁。克拉奇为了不让自己的儿子一辈子都待在监狱中，为了消除儿子的罪行，又千方百计、拐弯抹角地不惜重金为凯迪一家做经济补偿，以求得凯迪能到监狱去为儿子说情。克拉奇每一次的经济补偿都是巧妙地出现在生意场上，这也使凯迪不得不被动接受。

但是，每当凯迪拿到克拉奇家族支付的一笔补偿金的时候，就像是接过一把刀刺自己的心那样悲痛难忍。凯迪也不停地埋怨自己当初怎么就看错了人。而克拉奇全家也是天天都生活在自责之中，他们怨恨自己怎么没能教育好自己的儿子，埋怨自己不该为了利益而撮合儿子的婚事。

两家都是美国企业界的上层人物，没想到生活却会如此捉弄他们，让他们的内心得不到安生。就这样一年又一年过去了，两家人的心情总是被巨大的阴影所笼罩，凯迪与克拉奇从来没有真正地笑过。他们承认，他们为此所付出的心理代价是用任何金钱也换不回来的。

然而，就在他们苦苦承受了20多年的痛苦后，最终的事实却证明，凯迪女儿的死，并不涉及善恶情仇。事情在当时的美国社会引起了巨大的轰动，面对媒体的采访，凯迪与克拉奇都说了同样的话："20多年来，我们所受的心灵上的折磨是我们永远支付不起的！"

20多年，是多少个黑发变成白发的日日夜夜啊！这是用任何财富都支付不起的。如果两家都能及时放开仇恨，那么便不会受如此多的折磨和煎熬了。

人的生命是极为短暂的，容不得我们为了一些生活中的"死结"而毁掉自己匆匆而逝的美好年华，破坏生活原有的平静和快乐。其实，当你一个人静下心来的时候，就会觉得，这些所谓的"死结"，根本没有什么大不了，过去的毕竟已经过去了，再痛苦，再纠结也永远无法挽回了，只有及时放弃，顺势而为，才能够及时弥补你已经失去的，才能够迎来生命如夏花般灿烂的明天。

人与人之间不可能天生就是仇人，只不过是因为一些生活中的矛盾或者摩擦而不能释然罢了，其实，你完全可以大度地抛弃这些，不值得你用其余的生命去支付过往的痛苦。否则，只会让你痛苦一辈子，在折磨中度过一辈子，将自己囚禁在牢笼中，永远得不到解脱。对于生活中的过节，你完全可以借一次约会、一个电话来以心换心，多些理解和忍让，疙瘩终会解开，冰雪终会消融，火焰山终会翻越过去。

3. 坦然面对人生的得与失

得之坦然，失之淡然，争其必然，顺其自然。

将一粒种子放在地上会被晒死，放在水里，则会被淹死，如果放在土壤之中，就会生根发芽开花结果。在这个竞争异常激烈的年代，当你不知道怎么办的时候，那就选择顺其自然，并且坦然面对最终的得与失，这是最佳的选择。

高尔基说："苦难是所大学。"在事业起步阶段，总会遇到令我们无奈和感叹的事情，面对这些，与其悲观失意，颓废消沉，不如坦然面对，重整旗鼓，以图再次崛起，这才是真正强者的呐喊，才是成功者的座右铭。

托马斯·卡莱尔是英国著名的史学家，他的著作《法国革命》让人为之赞叹。然而，在写这样一部巨著时，托马斯曾经遭遇了一次沉痛的打击。

在年轻的时候，托马斯就开始为他的这部著作搜集资料，经过几十年的呕心沥血，终于完成。就在他为之欢欣鼓舞的时候，他的女仆因为一时的疏忽将他的手稿一举烧尽。

在得知此事之后，托马斯失望至极，几十年的心血被付之一炬，他觉得他的生命也到了尽头。然而，面对此，他并没有一蹶不振，更没有终日沉浸在慨叹惋惜和痛苦之中。他选择了坦然面对。

几天之后，托马斯又重新打起了精神，重新开始写作。因为有了第一次写作的积累，他很快就将这部著作又写了一遍，而且，结果比第一次还要好。所以，我们现在读到的《法国革命》是托马斯重写过的。

时至今日，当我们拜读他伟大的著作时，不仅会赞美他的非凡成就，还会以一种朝圣者的心情来敬畏他的胸襟、他的毅力、他的坦然。

人生总有许多失意和落魄，总有一些意想不到的灾难，潇洒地面对它，直视它，会使一个人在生命最根本的意义上变得更加厚重，更加充实。而妥协、投降则只能带来消沉、平庸和碌碌终生。

坦然面对人生，就是对自己的珍重以及对生活的感恩；淡定的态度，可使人有足够的信心渡过坎坷和劫难。

泰国有位著名的企业家，在玩腻了股票之后，转而去炒作房地产。他将家中所有的积蓄和银行贷款全部都投资在曼谷郊外一个备有高尔夫球场的15幢别墅之中。

令人意外的是，他的别墅刚刚盖好，时运不济的他恰好遇上了亚洲金融风暴，他的别墅一幢也没卖出去，因为贷款无法按期偿还，企业家只好眼巴巴地看着别墅被银行查封拍卖，就连他自己住的房子也被用来还债了。

面对突如其来的打击，企业家的情绪低落到了极点，他完全失去了斗志，怎么也没料到，从未失手过的他，竟然会陷入如此困境之中。就在他绝望的时候，有一天，他坐在早餐店中，忽然灵光一闪，想起太太亲手为他做的美味的三明治，就决定重新振作，重新开始。

当他将自己的想法告诉太太时，太太也非常支持，还建议丈夫要亲自到街上去叫卖。经过一番思索，企业家终于下定决心开始行动。

就这样，曼谷的街头多了一个头戴小白帽的卖三明治的小商贩。"一个昔日的亿万富翁，今日沿街叫卖三明治"的消息，很快开始传播，购买三明治的人越来越多，这些人中，有的是因为好奇，也有的是因为同情，当然更多的则是因为三明治的口味太独特。从此之后，他的生意越来越好，也越做越大，企业家很快走出了人生的困境。

他明白，之所以能失而复得，是因为，在曾经的失败向他挑战现在和未来时，他能够及时舍弃伤痛与颓废，然后，轻松地与之应战。

这个企业家就是施利华。几年来，他以不屈不挠的奋斗精神，获得了全国人民的尊重，后来，他被评选为"泰国十大杰出企业家"之首。

哲学家说："随它去吧，磨难和挫折不会持久的，世界上没有一个错误会是持久不断的。"在事业的起步阶段，只有及时舍弃失败的伤痛，才能得到更为辉煌的未来，就像施华利一样，只有将暂时的失败果断地从记忆中舍弃，才不会让昨天的黑暗变得可怕，阻碍了前进的步伐。

人有悲欢离合，月有阴晴圆缺，此事古难全。在事业的起步阶段，我们要学会保持坦然的心态，收获时，不要过于得意，要想到没有时的纠结；面对失去，也不要过于伤痛，要想到这是逆境中的磨炼；面对机会，我们要尽量去争取，而得到与否，就顺其自然。总之，面对人生中的种种境遇，保持坦然就好。在适当的时候要懂得放手，要明白，人生永远无尽头，只要将眼睛永远盯着前方，"失去"也会变得微不足道了。

4. 智者淡然看待得失，愚者为名为利所累

智者由于淡然看待得失，所以能在人生的路上走得更长、更远、更辉煌，而愚者贪图名利，就像鸟把石头捆在了自己的翅膀上，它便飞不高，也飞不远，有可能还会坠地而死。

诸葛亮在《诫子书》中说："非淡泊无以明志，非宁静无以致远。"这句话道出了人生的许多真谛。智者淡然看得失，愚者为名利所累。追逐名利，是误入歧途。淡泊名利，可以平凡，但还不至于平庸，追名逐利，可能会风光一时，但心灵却无法获得自由，也活不出真正的精彩来。其实，名利是身外之物，面对名利，我们一定要泰然处之，不惊不喜；失之淡然，不悲不怒。为了名利而劳心费力，确实是本末倒置的傻事。萨克雷的《名利场》中的女主人公丽蓓卡·夏普便是一个典型的例子。她一生都是在不断追求名利中度过的，但是最终，她的一切心机都白费了。作者最终在书中以这样伤感而又无奈的语气说道："唉，浮名虚利，一切虚空，我们这些人谁又是真正快活地活着的？谁又是称心如意地活着的？就算当时遂了自己的心愿，以后还不是照样不知足？"

人生在世，不过是一个匆匆的过客，名与利，都是过眼云烟，生不带来，死不带去，与其一生为其所累，不如活得实实在在，快快乐乐，用一颗平常心去看待它，将一切看淡一点，再淡一点。古往今来，那些大学问家都是这样去做的，他们正因为不屑于追名逐利，而是将全部的身心都投入伟大的事业中，最终才获得快乐，也获得了惊人的成就。

袁隆平说："要淡泊名利，踏实做人，才能取得一定的成就。现在少数人搞学术，贪名利，就是功利心太重。这种急功近利的心态，很难做出

真正的成就来。只有将名利置之度外，踏踏实实做人，实事求是做事，才能使心灵获得满足，使事业有成就。"

由此可见，只有看淡名利，才能专心致志，获得心灵的满足和事业的成功。然而，现实生活中，对于名利这些东西，虽然嘴上说"视为粪土"，但内心还是"看得破，忍不过，想得透，做不来"，在真正面对名利的时候，总忍不住想去争取一下，抓一抓，最终累心累身，实在是得不偿失。

有一对兄弟，自幼失去了父母，每天以砍柴为生。生活虽然贫穷，但砍柴的生计足以使他们过得快乐，兄弟俩过得悠然自得。

天使看到了两人的情况，很同情，就决定帮助他们。天使在晚上来到兄弟俩的梦中，对他们说："你们村头上的河流正中央埋藏着宝藏，现在河水极浅，你们可以前去打捞宝藏，等到五更天河水上涨的时候，务必要离开，否则，就会丧命。"

兄弟二人从睡梦中醒来，十分兴奋，就赶忙起身各自乘着渔船前去打捞。到了河流中央，哥哥打捞了一块宝石，装在口袋里，看到天不早了就赶快离开了。而弟弟则对哥哥说："你先走，我一会儿就离开。"随后，他就不停地在那里打捞，将宝藏装了满满一船。眼看就到五更了，弟弟还是不肯罢手。一会儿，河水慢慢地涨起来了。随后，狂风大浪向小船扑来，弟弟拼命地划船，但是由于宝藏太重，根本划不快。最终，弟弟与宝藏都被卷入了大风浪中。

而哥哥回家后，用打捞到的那块宝石为本钱，做起了生意。后来他成了远近闻名的大富翁，而弟弟却再也没有回来。

泰戈尔说："鸟儿的翅膀一旦系上黄金，它就无法飞翔了。"欲望和贪念是羁绊心灵的枷锁，我们要想获得自由和快乐，就要勇于舍弃。弟弟因为贪婪不愿意舍弃，最终丧失了自己的性命，而哥哥却因为懂得舍弃，最终实现了他成为富翁的梦想。

的确，人活在世上，必须努力奋斗。但是，当我们为了能过上更好的生活，在不断地被贪欲牵着鼻子走时，就要明白该是往回走的时候了。否则，劳苦奔波，最终会让你失去更多。

生命之舟载不动太多的物欲和虚荣，要想使之顺利抵达彼岸不在中途搁浅或沉没，就必须轻载，看淡名与利，然后平静地对待生活，对待身边的人和事，得到了便欣然接受，失去了则泰然处之；在鲜花掌声中不忘形，在冷嘲热讽中也无所谓；得意时不张扬，受挫时不忧伤，果断地放下该放下的东西，才能获得快乐和洒脱，生命也能获得富足。

5. 要拿得起，更要放得下

我们的软肋，是看不透、舍不得、输不起、放不下。看不透人际中的纠结、争斗后的隐伤，看不透喧嚣中的平淡、繁华后的宁静；舍不得曾经的精彩、不逮的岁月，舍不得居高时的虚荣、得意处的掌声；输不起一段情感之失，输不起一截人生之败；放不下已经走远的人与事，放不下早已尘封的是与非。

人生道路上，总会面临诸多的选择，思考利弊，难于取舍。其实，很多时候舍与得之间并没有明显的界限，得中有失，舍中有得。就是在舍得之中，我们苦苦地挣扎，不停地徘徊。这个时候，我们一定要明白对自己来说什么才是最重要的，然后再主动舍弃那些可有可无，不触及生命意义的东西，最终求得对自身来说最有价值、最有意义的东西。

比如，生活中，我们要舍弃使我们无比疲惫和劳累的东西，因失恋、误解、做错事被别人指责……舍弃它们，捆绑我们内心的绳索便自动解开，学会放下，我们才能轻装上阵，才能拿起更多。

泰戈尔说过这样一句话："世界上的事最好就是一笑了之，不必用眼泪冲洗。"人生在世，就要学会放得下。放下失恋的痛楚；放下屈辱留下的仇恨；放下心中所有难言的负荷；放下费尽精力的争吵；放下对权力的角逐；放下对虚名的争夺……放下该放弃的，就会获得另一番风景。

法国哲学家、思想家蒙田说："今天的放弃，正是为了明天的得到。"所以，在生活中，我们只有懂得放得下，才能更好地拿得起。

吉姆·特纳在他 40 岁的时候，继承了拥有 30 多亿美元资产的莱斯勒石油公司。当时，所有的人都认为，这位新上任的总裁会在自己的有生之年大干一番事业，好好地为公司的发展做出贡献，然而吉姆·特纳却并没有像人们所想象的那样去卖命。

吉姆·特纳上任之后，先是组建了一个评估团，对公司的所有资产做了一个全面的盘点，然后以 50 年做基数，在资产总和中先减去自己和全家人的花销，又减去要支付的银行利息、公司的刚性支出、生产投资等等，待一切评估做完之后，他发现自己还剩下 8000 万美元。他产生了疑虑：剩余的钱如何使用？

首先，他拿出 3000 万为家乡建起了一所大学，余下的 5000 万则全部捐给了美国社会福利基金会。人们对他的行为表示了不理解，他却说："这笔钱对我已经没有任何实质性的意义，用它减去了生命中的负担。"

随后，在公司员工的印象中，吉姆·特纳自经营公司以来，从来没有愁眉苦脸、唉声叹气的时候。太平洋海啸，给公司造成一亿多美元损失，他在董事会上依然谈笑风生，说："纵然减去一亿美元，我还是比你们富有十倍，我就有多于你们十倍的快乐。"当灾难降临到他的头上，他的一个孩子在车祸中不幸身亡，他说："我有五个孩子，减去一个痛苦，我还有四个幸福。"

吉姆·特纳活到 85 岁悄然谢世，他在自己的墓碑上留下这样一行字：最令我欣慰的是我能在最后几十年为自己做了人生减法。

吉姆·特纳正是因为勇于舍弃，才获得了幸福和快乐。如果他像人们所想的那样，在有生之年大干一番，只"拿"不"放"，那么，他的最后的几十年就有可能会在忧愁和痛苦中度过了。

苦苦挽留夕阳的，是傻子；久久感伤春光的，是蠢人。拿得起，却不愿意放下的人，常常会失去更为珍贵的东西。拿起，是一种美丽，放下，则是一种智慧。人生在世，舍与得之间并没有绝对的标准，完全凭自己的价值取向来判断，无论是舍了还是得了，都不重要，重要的是曾经为得到而努力奋斗的过程，为舍弃后获得的恒久的幸福和欣慰。只要能让自己的生命变得快乐、有意义，那么，你所做的一切都是有价值的。

6. 舍弃愤怒，别给自己套上枷锁

　　一个人应该舍弃愤怒，拔除傲慢，超越所有的束缚。不执着心灵和物质的人，内心可以得到真正的安宁，而不受外在的影响。

　　有一位农夫，经常划着小船把自家的农产品卖给另一个村子中的人。那一天，天气酷热难耐，农夫汗流浃背，苦不堪言。他心急火燎地在河面上划着小船，希望早点把货卖完，以便天黑之前能赶回家中。

　　突然，农夫发现，前面有一条小船，沿河而下，迎面向自己快速地驶来。眼看着两只船就要撞上了，但那只船并没有丝毫避让的意思，似乎有意要撞翻农夫的小船。

　　"让开，快点让开！"农夫向对面的船大吼大叫，"再不让一下，就撞上我了，我们都有翻船的危险！"但是农夫的叫喊丝毫无用，尽管农夫手忙脚乱地企图让开水道，但为时已晚，那只船还是重重地撞上了他的船。农夫被激怒了，他厉声斥责道："你会不会划船，这么宽的河面，你竟然撞到了我的船上面！"当农夫怒目审视对方的小船时，他吃惊地发现，小船上空无一人。听他大呼小叫、厉声斥骂的只是一只挣脱了绳索顺河漂流的空船。

　　多数情况下，当你责难、怒吼的时候，你的听众或许只是一只空船。那个惹怒你的人，绝不会因为你的斥责而改变他的航向。

　　生活中，当我们对他人的不当行为心生愤怒的时候，其实是在责备自己的判断失误，误识了那样的人。真正让你愤怒的人，其实是你自己，是在拿别人的错误来惩罚自己。很多时候，你的愤怒和悔恨根本于事无补，它们唯一的作用只是给你增添了诸多的烦恼和痛苦，让你的思维更为混乱，尤其是在事情已经难以挽回的时候。

　　古希腊神话中，有这样一个故事。

　　有一位叫海格利斯的英雄，力大无穷，没有人能够比过他。为此，他总是踌躇满志，总是春风得意。

有一次，海格利斯在一条极为狭窄、坎坷不平的道路上行走，突然，一个趔趄，他差点被什么东西绊倒。他定睛一看，发现路的中间正好有一个像袋子似的东西，海格利斯马上愤怒了，狠狠地向那个东西踢了一脚，谁知，那个东西不但待在原地纹丝不动，而且还气鼓鼓地膨胀了起来。

这下，海格利斯更加愤怒了，于是就奋力地挥起拳头又朝它狠狠地一击，但是那个东西却依然如故，同时又迅速地胀大着。海格利斯暴跳如雷，快速地拾起一根木棒狠狠地向它砸个不停，但是，这个东西却越胀越大，最终将整个山道堵得严严实实。海格利斯又气急败坏，又无可奈何，累得躺在地上，气喘吁吁。不一会儿，山中就走来了一位圣人，见此情景，很是困惑。

海格利斯就对对方说："这个东西真是可恶至极，存心与我过不去。将我的路堵得死死的。"

圣人听罢，看看他的脚下，淡淡一笑，平静地说："朋友，这个东西叫'仇恨袋'。当初，如果你不去理会它，或者干脆就绕开它，它就不会与你过不去了。你的心中总是记着它，它就会不断地膨胀，就会挡住你的去路，专门与你做对！"

其实，生活中如果我们总是为小事而心生怒火，就是给自己套上了"枷锁"，我们的生活自然就如负重登山，举步维艰，最终，只是堵死了你前进的步伐。

另外，经常愤怒的人，还会危及自身的健康。卡耐基说："经常愤怒的人，生命是短促的。"《三国演义》中的周瑜因为气量狭小，而被活活地气死。《红楼梦》中的林妹妹，平日里因为爱为小事生气，身体一直欠佳，最终命赴黄泉。

所以，为了自身的健康着想，还是舍弃愤怒，学会控制你的情绪吧！你在愤怒的时候，完全可以找个清静的地方去看看书或者做点其他的事情。当然，也可以找个好朋友倾诉，这是消除愤怒的最好办法。

7. 感激你的敌人，最高贵的复仇是宽容

　　学会感激，便是放下仇恨。一位哲人说：学会感谢你的敌人。感激伤害你的人，因为他磨炼了你的心智；感激欺骗你的人，因为他增进了你的智慧；感激中伤你的人，因为他砥砺了你的人格；感激鞭打你的人，因为他激发了你的斗志；感激遗弃你的人，因为他教导了你的独立；感激绊倒你的人，因为他强化了你的双腿；感激斥责你的人，因为他提醒了你的缺点，感激所有使你坚强的人。

　　在生活中，常能看到这样一个迹象：稀疏生长或者独自成长的树木，树身都不够高大、粗壮，而它们的树枝也多是弯曲不直。而成片生长的树木就不同了，大都高大挺拔，树杈从来不旁逸斜出。

　　水分、阳光是树木生存发展的必要条件，依照这个生存法则，占有阳光、空间多的树木一定要比那些头顶上只有巴掌大一块天的树木长得好得多。而事实却与之相反。为何生存环境优越的树木反而没有环境恶劣条件下的树木高大挺拔？

　　原来，树与人一样，稀疏的树木因无竞争对手的存在，就懒散地随意生长，这使得它们成长成奇形怪状，最终不容易成材；而长成一片的树木，每个个体要想生存，就必须让自己长得高大挺拔，身强力壮。如此这样，才能在生存的弹丸之地站稳脚跟，争得十分有限的阳光、水分等生存资源，从而得以存活下来。最终，它们都长成令人敬仰的栋梁之材。

　　人何尝不是如此！一位哲人说过，任何的学习，都比不上一个人在与敌人较量的时候学得迅速、深刻和持久，因为它能使人更深入地了解社会，接触社会现实，使个人得到提升与锻炼，从而为自己铺就一条成功之路。所以，从一定程度上来说，我们还要感谢自己的那些敌人，正是因为他们，才加速了自己成功的步伐。如果你能够以感激的心态去对待你的敌人，那么，你就不再是一个悲观消极、面对苦难掩面而泣的人，而将成长为一个无往不胜的勇士。

所以，当我们走出困境或是取得成功的时候，在感谢那些曾经伸手帮助过自己的人以外，最应该做的就是要敞开胸怀去感谢你的对手或敌人。因为，你当下所取得的成就，敌人所起的作用与朋友是大体相当的，甚至还远远地超越了你的朋友，因为成功需要顶住敌方的压力，从某种意义上是敌人给了你"反弹力"。所以，从这个角度上来说，我们要去感激敌人，宽容敌人曾经对你的折磨和反击。

美国总统林肯对政敌总是以宽容著称，后来终于引起一些议员的不满，一位议员说："你不应该试图与那些人交朋友，而应该消灭他们。"林肯微笑着回答："当他们变成我的朋友，难道我不是正在消灭我的敌人吗？"

林肯一语中的，多一些宽容，公开的对手或许就是我们潜在的朋友。当然我们无法祈求所有人都能拥有林肯一样的胸襟，但是他身上的气度的确是值得人敬仰的。所以，在成功时，我们一定要学会去感激我们的敌人，如果没有敌人，我们就不可能释放出巨大的潜力。同时，我们也要学会用宽容的心态，化敌为友，这是"报复"敌人的最好办法。

8. 别抱怨命运，命运根本不知道你是谁

抱怨只会让一切变得更糟糕，我们为何不秉持不抱怨的原则，积极去转化呢？世界上有三种事：我的事，他的事和老天的事。抱怨"我"的人，应该学着去接纳自己；抱怨"他"的人，应该学着把抱怨转化成请求；抱怨"老天"的人，应该试着用祈祷的方式来诉求你的愿望并付诸行动。如此一来，我们的生活就会有意料不到的大变化，我们的人生也会更加阳光和美好。

处于困境之中，我们经常抱怨，为什么倒霉的总是自己，为何全世界都在与自己作对，并且很容易将一切抱怨的矛头指向命运。其实，命运根本不知道你是谁，抱怨命运是一件毫无意义的事情。

同时，要明白，命运向你关闭一扇窗的同时，又会为你开启另一扇窗。世界上的事物都是多面的，我们只要拥有积极的心态，便可以看到痛

苦后面的阳光。

面对不幸和困境，我们需要做的不是怨天尤人，自暴自弃，而是不断捕捉生存的智慧，并承受苦难，直面打击，在挫折中使自己不断地成长。

能够忍受不公平的待遇，并且以平常的心态对待，这是人生的一种境界，也是我们努力追求的方向。坦然面对生活，学会用微笑去迎接每一次困难。

多年前，阿济·泰勒·摩尔顿时任美国财政部长，到南卡罗来纳州一所学校对全体学生发表演说，她走到麦克风前，先是将眼光对着所有的观众，由左向右扫视了一遍全场，随即开口说道："我的生母是聋子，因此她没有办法说话，我不知道自己的父亲是谁，也不知道他是否还在人间。我这辈子找到的第一份工作，是到棉花田里去做事情。"

台下的听众顿时惊呆了，她继续说道："一个人的未来怎样不是因为运气，不是因为环境，也不是因为生下来时的状况。如果情况不尽如人意，我们可以想办法去改变。一个人若想改变眼前的不幸或不好的状况，只需要回答这个简单的问题：我希望情况变成什么样子？然后再全身心地投入，再采取必要的行动，向理想迈进即可。"接着她的脸上便绽放出美丽的笑容。

假如当初阿济·泰勒·摩尔顿一味地感慨命运的"不公"，一味地抱怨"生不逢时"，那就一定无法摆脱"到棉花田去做事情"的境遇，更不用说成为美国财政部的部长了。

倘若你在茫茫人海，大千世界中，做一个顺应世事、安分守己的平凡者，努力求上进，做你应该做的事情，那么你很快就会脱颖而出，并且寻找到真正的快乐。

古往今来，诸多成功者都是乐观、豁达的，他们淡泊名利，能活在当下，能享受真正的生活，并且也善于发掘蕴藏在生活中的无穷快乐。他们之所以总是充满着幸福和快乐，正是因为他们不抱怨命运，而是想方设法让他们那颗富有的心灵总是充满着创造的活力。

美国心理学家威廉·詹姆斯说："我们所谓的灾难很大程度上完全归结于人们对现象采取的态度，受害者的内在态度只要从抱怨转为奋斗，坏事就往往会变成令人鼓舞的好事。在我们尝试过避免灾难而未成功时，如果我们同意面对灾难，乐观地忍受它，它的毒刺也往往会脱落，变成一株美丽的花。"

人都是有目标、有追求的生物，所以，只要他向着某个积极的方向努力前进，他一定能够自然正常地发挥重要的作用。人只要发挥一个目标追求者的作用，无论环境如何，他都会感到十分地快乐。爱迪生有一间价值百万美元的实验室，没买保险而被人火白白地烧掉了，后来，有人问他："你会怎么办呢？"爱迪生回答："我们明天就开始重建。"他始终保持着十分积极进取的态度，所以他从来不会因为自己的损失而感到上帝给了他不公平的待遇。

9. 放下计较，流言止于智者

没有永远不被诽谤的人，也没有永远被赞叹的人。当你话多的时候，别人要批评你；当你话少的时候，别人也要批评你；当你沉默的时候，别人还是要批评你。没有一个人不被批评的。不要因为众生的怀疑，而给自己增加烦恼；也不要因为众生的无知，而使你自己痛苦。走自己的路，让别人说去吧！

哪个人前不说人，谁人背后无人说。如果有一天，流言蜚语袭击了你，不信任的眼光刺痛了你，朋友们莫名其妙地疏远了你，你怎么办？千万不必胆怯，不要回避，不能屈服，请相信"流言止于智者"这句颠扑不破的真理。

其实，很多时候，传播流言的乐趣，不外乎是满足自己探究他人隐私的好奇，更是建立在以窥探当事人听到留言之后的痛苦来获得自己喜悦的满足。所以，若当事人对流言蜚语置若罔闻，他们也就渐渐没有兴趣了。

所以，如果你听到背后有人怀有恶意地传播你的"流言"，请一笑置之吧！清者自清，浊者自浊，你以一颗平常心平静对待，流言自然就烟消云散了。

曾经有一位叫慧能的大师，有极高的觉悟和修养。有一次，他所在的镇上有一位少女未婚先孕，在家人的逼迫之下，少女便一口咬定这个孩子是慧能的。愤怒的家人就把孩子扔给了慧能。慧能接到孩子后，只是隐隐地说了一句："是这样子啊！"于是，留下了孩子。从此之后，小镇上的居民便开始议论纷纷，流言蜚语传得满天飞。

慧能的朋友都说他太过糊涂，即便是自己犯错，也要紧闭金口，怎么能随意就承认了呢？令人无法想象的是，慧能并没有将孩子送人或者遗弃，而是每天抱着孩子，挨家挨户地给孩子讨奶吃。镇上的很多人都对他嗤之以鼻，说什么的都有，但慧能却依然平静如水，悉心地照料孩子。

这样的举动，让所有人都认为孩子是他的。毕竟是亲骨肉，否则哪里会如此细心？可事实并非如此！

一年之后，那少女终于无法忍受良心的煎熬，承认那孩子是她与一位在海边打鱼的渔夫所生。小镇上的流言蜚语又一次炸开了锅。少女以及家人万分惭愧地去寻找慧能，少女抱回被养得白白胖胖的孩子，满心愧疚地哭着向慧能道歉。而慧能只是平静地将孩子交给少女，没有怨言，没有追究责任。

从此之后，慧能大师不计较、宽容大度的故事便在小镇上流传开了。

是非止于智者，在流言中，暴跳如雷、大吵大闹或者一味地为自己辩解，只会越描越黑，反倒给人留下浮躁、心虚的印象。而如果你能够冷静地坚持自己的立场，保持自身的形象，将他人的思想、看法和行为与自我价值分开，那么，便可以让自己远离"是非"，这样才能让自己在平静之中行得更高远。

再者，生活中还有一些带有攻击性的流言，多数是人们在不平衡的心理作用下产生的。对于这些流言，我们大可以一笑了之。要知道，别人这样做是因为对方嫉妒你，也从侧面说明你比对方更优秀一些，一个优秀的人是没有必要与一些不如自己的人计较的。再说，那些带有攻击性的恶言恶语，是对方故意让你痛苦而设置的"圈套"，如果你真心为此伤心、难过，岂不是正中了对方的下怀。所以，对于一些恶意的流言，我们完全可以置之不理，而且还要笑着面对，这才是对流言的最大的惩罚。

你知道，人生是自己的，路要靠自己走，与他人又有何关系呢？要知道，每个生命从本质上来说，都是独立的，我们无须太过在乎他人的看法和眼光，任何人的看法与建议都不能从实质上改变什么。如果你事事能这样想，那么内心便能时常充满快乐和幸福了。

10. 学会宽容，得理也须让三分

心是一个容器，装的宽容多了，仇恨就会被挤出去；装的简单多了，纠结就会被挤出去；装的满足多了，痛苦自然就被挤出去；装的理解多了，矛盾就会被挤出去。让我们学会宽容，用爱来充满内心，善待怨恨。退一步，海阔天空；忍一时，风平浪静。

在现实生活中，即便是一方有理，也要懂得忍让三分，用宽广的胸怀去感化对方，而非紧盯对方不放。如果别人是无心犯的错，你就没有必要将它放在心上，而应该大度地原谅他；如果别人是故意伤害你，你也不要一味地寻求报复，正所谓"得饶人处且饶人"，这样才能让对方心服口服，才能顺利地化解矛盾，使人与人之间相处得更为和谐。

时值国际经济危机，玛丽小姐好不容易才找到了一份在高级珠宝店当售货员的工作。她十分珍惜这来之不易的机会，所以，对工作异常认真负责。

然而，就在圣诞节的前一天，一位三十多岁的顾客进了店里，他穿着异常干净，看上去又很有修养，但从面容上看却让人感觉到他是遭受了失业打击的。这时，店里的职员都下班了，只剩下玛丽一个人。

玛丽热情地跟他打招呼："您好，先生，您最想要什么？"这名男子很不自然地笑了一下，不好意思地说："小姐，我只是随便看看。"然后，他的目光便从玛丽的脸上慌忙地移开，就在店里不停地转着。

这时，柜台前的电话铃响了，玛丽就赶紧去接电话。她一不小心，将摆在柜台上的盘子打翻了，而那个盘子里有六只精美昂贵的金耳环。玛丽慌忙地去捡，可她仅捡到了五只，她反反复复地寻找，怎么也找不到第六只。当她抬起头的时候，刚好看到那位男子慌忙地向门外走去，她一下明白了那只耳环的去处。

就在男子将要走到门口时，玛丽轻声地叫道："先生，请您等一下。"

男子转过身来，两个人相互对视着，玛丽的心跳得十分厉害。她不知该如何应对，万一她喊叫的话，这个男子对她动粗该如何是好，他会不会伤害自己呢？

"什么事？"男子开口问她。

玛丽尽力地控制住自己的情绪，终于鼓起勇气，对他说："先生，今天是我第一天上班，你知道，我找这份工作有多么不容易，您能不能……"

男子的目光极不自然，他看了玛丽很久的时间。玛丽的表情非常诚恳，过了很久，男子的脸上浮现了一丝微笑，玛丽也舒了一口气，也对着他微笑起来。两人这时就像两个朋友一样。男子对她说："是的，工作不好找。但是我能肯定，你一定会在这里继续干下去，并且还会做得很出色。"

停了一下，男子又说："我可以为你祝福吗？"他把手伸向她，他们相互握了握手。然后男子轻松地走出了商店。

玛丽看着他走出店门之后，转身走向柜台，把手中的第六只耳环放回原处。她真庆幸一切都过去了，她在心里为那个男子祝福。

玛丽是聪明的，面对男子的过错，她没有得理不饶人，咄咄逼人地跟男子索要那只耳环，而是采用宽容的方法，设身处地地为男子着想，化解了尴尬，让男子从容地将东西还给了她，达到了完美的效果。我们可以想象：两人若是发生冲突，将会出现怎样的后果？由此可见，宽容是一种成熟的、以退为进的明智的处事方法。

宽容的人是懂得舍弃之道的人，他们能够舍弃狭隘，获得和谐；舍弃计较，获得平静和快乐；舍弃怨恨，获得感激和人心。

明代官员杨翥就是一个宽容的人。有一天，他的邻居丢了一只鸡，就怀疑是杨家偷的。于是，一大早起来就对着杨家的大门破口大骂。

杨翥的家人听到了，心里很是气愤，明明家人没有偷鸡，却被人如此奚落，于是就将此事告知了杨翥。然而，杨翥听后并未表现出一丝的气愤，而是平静地劝道："天下姓杨的又不是我们一家，随他骂去。"

又有一次，天下大雨，邻居故意将院中的积水排放到杨家。这使杨家深受脏污潮湿之苦。家人气愤不已，又将此事告知杨翥，杨翥仍心平气和地劝解家人道："天不会这样一直下雨的，随他去吧！"

久而久之，邻居见杨翥事事谦让，待人谦和，受辱不怨，都被他宽容仁厚的心深深地感动了。有一年，有一伙贼人密谋着要抢劫杨家，周围的邻居知道此事之后，竟然自觉地组织起来，轮流到杨家守夜防贼，使杨家免了一场灾祸，让人感动。

杨翥的宽容忍让，不但没有一直受人欺侮，还感动了邻居，让他们倾心相助，这就是宽容忍让为他带来的福气。得理也须让三分，说明对他人宽容、理解和容纳，能够获得他人的欢迎，能够拥有亲密的朋友，能够受到更多人的拥戴。

宽容别人的错误是一种修养、一种德行，更是一种处世的学问，显示了一种豁达的人生境界。如果我们都有了这种宽容忍让的心态，我们与他人之间的关系就会变得更加和谐、美好。

11. 舍弃杂念，别自我设限

失败，往往是因为我们面对眼前的折磨时，意志不够坚定。就像辛苦减肥的人，面对美食的诱惑，意志力忽然松懈下来时，脑海里便立刻出现"大吃一顿"的欲望。这时，如果他的意志力不够坚定，让满足口腹的欲望越来越强烈，很快地我们就可看见他的身材"恢复原状"了。身在困窘的处境中，我们似乎会有更多的渴望、欲望，然而，太多不切实际的杂念，也往往是我们登上人生顶峰的最大阻碍。

奥莱夫是瑞典著名的发明家，他的父母曾经是伐姆兰省乡下最贫苦的佃农。他出生的时候，家里最值钱的财产便是一支鸟枪和三只鹅。当时，有一位身着华丽衣服的亲戚抱着自己的儿子，讥笑他的父母："你的儿子永远只是一个看鹅的穷鬼！这是命中注定的事情。"

奥莱夫的父亲听后，笑了笑回答道："不，你说得不对！我们的奥莱夫将来一定是国家的栋梁。只需要20年的时间，他就可以雇佣你的儿子为他当马夫。"

从奥莱夫懂事的时候起，父亲就帮助他把自己的人生目标定位为国家的栋梁，并时时刻刻都向着这个目标努力。

上中学时，奥莱夫在作文中写下了这样的豪言壮语："奥莱夫将来一定是国家的栋梁！谁盗窃奥莱夫一分钟的时候，谁就是盗窃瑞典！"他不仅这样说，而且还脚踏实地地向既定的人生目标迈进。

经过不断努力，奥莱夫在20岁的时候，便完成了一项重大的发明，并且很快地成了瑞典数一数二的发明家和富翁。

任何时候都有最好的机会在等待，任何时候都有最大的成功在等待。在可能的条件之下，谁预期什么，谁就能得到什么；心想事败则败，心想事成则成。

如果说导致失败的种子是绝望，那么，促使成功的种子便是希望。同时，这个故事也告诉我们，人的潜能是无限的。很多时候，我们在困难面前驻足不前，败下阵来，不是因为困难太强，而是因为我们的内心不够强大，自己给内心预先设置了"不可能"的障碍。生活中，许多人在遇到困难之后，便开始灰心丧气，从而白白浪费了许多解决问题的宝贵时光，错过了最佳的机会。从此之后，很多人甚至在困难还未来临时就开始丧失信心，想当然地认为自己"不可能"达成目标，最终只能一事无成。

很多时候，促使我们失败的不是困难、挫折，而是我们内心的负面想法。所以，在困难和挫折面前，唯有勇于舍弃为你带来压力和负面情绪的想法，一心向前，才能获得出乎意料的惊喜。

罗赛尔是国际著名的登山家，曾经在没有携带任何氧气设备的情况下，成功地登上海拔高达6400米以上的高峰，其中还包括世界第二峰——乔戈里峰。

世界上诸多的登山家都曾经以不携带任何氧气设备登上乔戈里峰为自己的第一目标。但是，几乎所有的登山高手只能登到海拔6000米左右处就无法继续前进了，因为这里的空气极为稀薄，人根本无法忍受即将窒息的痛苦。所以，对于登山者来说，要想依靠自身的体力与意志去征服乔戈里峰峰顶，确实是一项极为严峻的考验。

然而，罗赛尔却做到了。他曾向记者透露了自己在登山过程中的经历：在突破海拔6400米的登山过程中，最大的障碍便是内心不断翻腾的各种杂念，这些杂念中的任何一个，都有可能会使你的意志松懈，使你变得渴望呼吸氧气，渐渐地让人失去征服的冲动与动力。随即，"缺氧"的念头就会产生，最终让人放弃征服的意志，最终接受失败。

罗赛尔说出了挑战自我极限的秘诀："要想登上峰顶，一定要学会清除你内心的各种杂念，你心中的杂念越少，你的需氧量便会越少；你的杂念越多，你对氧气的需求量便会越多。所以，在空气极度稀薄的状态之下，必须要排除你内心的一切欲望与杂念！"

其实，生活中的许多事情，也犹如登山一般，在做的过程中，都会有两道墙出现在你的面前：一道是外显的墙，关于整个外部大环境的围墙；另一道则是我们内心设置起来的墙，即内心的"自我设限"，而决胜的关键就在于你能否用坚强的意志去突破心灵中藏着的那堵墙。

在生活中，很多人费尽心机无法成功，主要的原因就是自我设限，因此人们常说"自己是自己最大的敌人"。一个人也只有靠自己的意志力，勇于摒除和舍弃脑海中的各种杂念，才能战胜困境，成为最后脱颖而出的人。

当然了，要舍弃杂念，实现自我突破的一个关键点就是一定要面对现实，确实地了解自我并且十分清晰地认清环境，在自我与环境中摸索出自我突破的方向。在困难和挫折面前徘徊不定的你，是否开始对自己喊加油了呢？大声地说一些能使自己斗志昂扬的话，全力向前，就如罗赛尔一般，只要勇于忘记杂念，勇于向前，很快就能看到胜利的曙光。

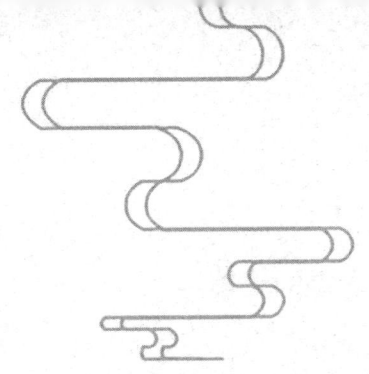

第四章

进退有度，方圆有道，
在舍得之间彰显智慧

进退是为人处世的技巧，方圆也是一种做人的谋略。人生处处都会遇到进退两难的境地，这时候究竟是该退还是该进，在紧要关头，都需要自己去把握。把握得好，人生就会向好的方向发展，把握不好，人生便可能向反的方向发展，甚至有可能碰钉子。进退之道，方圆之术，关键就在于趋利避害，指导人们顺利地走向人生的辉煌。

1. 勇于舍下"我"，是舍得的大境界

舍得者，实无所舍，亦无所得，是谓舍得。舍清溪之幽，得江海之博；舍方寸之惑，得苍穹之大；舍举目之求，得天地之志。

从前有一个农夫，以卖柴为生。他每天都到山林中去砍柴，跋山涉水，很是辛苦。有一次，他经过一个险峻的悬崖，一不小心，竟然掉到深谷中去了。眼看着生命危在旦夕，这个人双手在空中攀抓，刚好抓住悬崖上枯树的老枝，总算保住了性命，但是人却悬荡在半空之中的悬崖上，上下不得。正在进退维谷的时候，忽然看到一位老者站在悬崖上，农夫如同见到救星一般，立即请求老者说："请您救救我吧！"

老者慈祥地说道："我救你可以，但是你要听我的话，我才有办法将你救上来。"那个人赶忙说："老翁，到了这种地步，我怎么能不听你的话呢。随你说吧，我一定听你的。"这时老者说："好吧。既然这样，请你把攀住树枝的手放下来。"农夫一听，傻了眼，心想，把手一放，一定会掉到万丈深渊，跌得粉身碎骨，哪里还能保住性命呢？因此更加抓紧树枝不放，老者见农夫执迷不悟，只好离他而去。

实际上，看似"万丈深渊"的悬崖下面是一个大草垛子，如果他肯放开手，很容易能够还生。

很多时候，我们的一生都在为"我"而活着，为"我"而拼搏，为"我"争强好胜，为"我"殚精竭虑。回顾人的一生，如果凡事都是为了"我"，则很难突破一个局限。当你站在平地上时，你伸出手，被你手所遮盖的只有一小块土地；而当你站在高山上，对着山下伸手，被你手所遮盖的是广阔的大好河山。

人的境界有多高，发展的空间就有多大；思想有多远，舞台就有多广阔。人生的大智慧，在于一个"舍"字，而"舍"的大智慧，在于"舍我"。舍下自身，舍下为谋求自身利益的种种欲望，将自身的境界提升到更高的层次，也许，你会得到更多。

　　一位非常富有的农场主在巡视谷仓时，不慎将一只名贵的手表遗失在谷仓中，他在偌大的谷仓内遍寻不获，很是无奈。最终，只好定下赏金，要农场中那些为自己做工的人到谷仓中帮忙寻找，谁能找到手表，就赏给他100美金。

　　在重赏之下，帮工们无不卖力地四处翻找，但是谷仓内尽是成堆的谷粒，以及被散置的杂乱无章的稻草。要在这当中寻找到一只小小的手表，实在是大海捞针。

　　直到太阳落山了，众人都一无所获，一个个放下了那100美金的诱惑，回家吃饭去了。

　　只有一个贫穷的小孩，在众人离开之后，仍然坚持在谷仓中努力地寻找那块手表，希望能在天黑之前找到它，换得那笔巨额赏金。

　　谷仓中慢慢变得漆黑，小孩虽然害怕，但仍不愿放下，手不停地摸索着，但仍旧一无所获。他一下子泄了气，静静地坐在稻草边，终于放弃了继续寻找那块表。当他坐下来，周围一片寂静时，出现了一个极为奇特的声音。那声音"滴答滴答"不停地响着，小孩再静下心来听，滴答声也显得更为清晰了。小孩便循着声音，终于在偌大的漆黑的谷仓中找到了那只名贵的手表，幸运地获得了100美金的奖励。

　　当小孩为了那100美金不停地寻找时，却怎么也找不到。但当他想放弃，想舍弃自身的欲望时，那块表却响起了滴答的声音，让他顺利地找到。由此可见，只有敢于舍弃"我"，才能跨越人生的种种障碍，才能有大得。

　　然而，芸芸众生，谁能甘心舍下"我"呢？谁能舍下以"我"为中心的荣誉、财富、地位呢？谁又能舍弃从自我意识中爆发出的贪婪、怨恨、自私、傲慢呢？一位哲学家说，懂得放手和舍弃，是明智之举。勇于舍弃是一种现实需要，善于舍弃是一种处世艺术。生命之舟载不动许多欲望，要想到达理想的彼岸，唯有轻载，果断地抛弃那些应该放下的东西，比如金钱、地位和权势，舍弃追名逐利的疲惫和烦恼，舍弃一切身外之物，才能获得健康、快乐和幸福，才能品尝到生命的芬芳。

2. 学会示弱，方能成为强者

　　一个人太强势，不管出发点是不是好的，定会受到伤害，这种伤害几乎无法挽回，因为不懂得示弱，所以很多人遍体鳞伤。示弱不是妥协，是更快达到目标的一种智慧，一种处世的明智选择。

　　前些时间，李翔偶遇大学同学张迪，一番嘘寒问暖。毕业 12 年间，李翔的许多同学在事业上都取得了不小的成就。有的人做了公务员，有的人下海经商做了老板，有的人成了单位中挑大梁的骨干。李翔猜想，张迪也一定发展得不错。因为在大学期间，他是班长，不仅学业优异，而且多才多艺，吹、拉、弹、唱样样精通，是个人人羡慕的高才生。

　　当李翔问及张迪的现状时，张迪则表现得很是郁闷。李翔问道："以你的才能，现在应该是春风得意，怎么会郁闷呢？"张迪则说："什么春风得意，我在一家大型的私营企业奋斗了 12 年，还是一个小领导。"怎么会如此呢？这让李翔难以置信。以张迪的能力，无论在哪个单位，都应该是数一数二的大人物。张迪却说："这没有什么好奇怪的，在那样的大型企业中，嫉贤妒能，排挤人才，压制人才是常有的事。"听了张迪的诉说，李翔不禁为他的怀才不遇而感到深深的惋惜。

　　半年后的一天，李翔去参加一个企业论坛会议，其中一位领导正好是张迪的上司。席间，李翔谈及了张迪。那位领导说："张迪确实是个不可多得的人才，然而，他太好表现，锋芒毕露，逞强好胜，恃才傲物，不把单位中的任何人放在眼里，在单位中很不受同事的欢迎。尽管如此，我仍然很欣赏他的才干，好几次都想找机会提拔他，可遗憾的是每次投票，他的得票数都是最低，我也没有办法。"

　　原来，张迪的不得志，不是输在能力上，而是输在做人上。他之所以得不到领导的器重，得不到同事的支持，主要在于他太过"强"。

　　不可否认，强大固然可以让人敬仰，但是如果太强硬，则会因刚而折。做人也是如此。如果在人群中你总是表现得盛气凌人，不可一世，就会让人望而生畏，敬而远之，使自己陷入孤家寡人的境地。而任何一项工作，都需要团队的合作，仅仅依靠个人的能力，不可能办成任何大事。

其实，适时示弱是一种生存智慧，也是一种获取成功的手段。强者示弱，不但不能降低自己的身份，反而能够赢得他人的尊重，留下"谦虚、和蔼、平易近人、心胸宽阔"等美名。懂得示弱的人，往往有更强大的生存能力。这样的事例不胜枚举，项羽强悍英武，飞扬跋扈，结果却兵败垓下，英雄末路，自刎乌江，而汉高祖刘邦则善于示弱，结果一统江山，坐拥天下，成为一代帝王。韩信居功自傲，功高盖主，结果招来杀身之祸，而与他同朝的另一位大臣萧何，却懂得处处避其锋芒，赢得了朝野一致的好评，确保了他一生的地位和平安。

美国著名心理学家卡耐基曾经说过这样的话："如果你想赢得朋友，让你的朋友感到比你优越吧；如果你想赢得敌人，那就时时刻刻感到比你的朋友优越吧。"由此可见，锋芒毕露会让你处处碰钉子，而适当示弱，并不是真的弱，是为了真的强。暂时表现出自己的弱，是为了排除前进路上的那些不必要的障碍，最后实现真正的成功。

被称为美国之父的富兰克林，曾经去拜访一位德高望重的老前辈。那个时候，他年轻气盛，挺胸抬头迈着大步，一进门，他的头便狠狠地撞在门框上面，疼得他一边不住地用手揉搓，一边看着比他的身子矮一大截的门。出来迎接他的前辈看到他这个样子，笑笑说："很痛吧！可是，这将是你今天访问我的最大的收获。一个人要想在世上平安无事，就必须要记住，该低头时且低头，这也是我要教你的事情。"

富兰克林就将那次拜访当成他一生最大的收获，并将它列为自己生活的准则之一。富兰克林从这一准则中受益终生，后来，他功勋卓越，成为一代伟人。之后，他在一次谈话中说："这一启发给了我莫大的帮助。做人不可无骨气，但是做事却不要总是仰着高贵的头。"

由此可见，适当地舍弃"强"，示下弱，是与他人保持和谐的一条准则，也是保护自身的一种大智慧。

海滩上的蓝甲蟹分为两种：一种是凶悍的，不懂得躲避危险，跟谁都敢开战；一种是温和型的，不善于抵抗，遇到敌人，便会翻过身子，四脚朝天，任你怎么叼它、踩它，它都不理不动，一味地装死。经过千百年的演变，出现了一种十分有趣的现象，强悍凶猛的蓝甲蟹越来越少，成了濒危动物；而较弱的蓝甲蟹，反而能够繁衍昌盛，遍布世界许多海滩。动物学家研究发现，强悍的蓝甲蟹因为好斗，在相互间的残杀中就灭绝了一半；因为强悍不懂得躲避，又被天敌吃掉了一半。而软弱的会装死的蓝甲蟹，因为善于保护自己而得以繁衍昌盛。由此可见，弱与强，在某种时候，收到的效果是截然相反的，弱，反而得到强势；强，反而处于弱势。所以，生活中，我们一定要懂得适当地示弱，它能使你的人生之路更为顺畅。

3. 聪明反被聪明误，人生难得是糊涂

活得糊涂的人，容易幸福；活得清醒的人，容易烦恼。清醒的人看得太真切，凡事太过较真，烦恼无处不在；而糊涂的人，不知如何计较，虽然简单，却因此觅得人生的大境界。我们喜欢仰慕着别人的幸福，乍一回首，却发现自己也被别人仰望着、羡慕着。只是，你的幸福常在别人眼里，却不在自己心里。

生活中，当时机不利于自己，而硬碰硬又收不到好的效果时，就只有动脑筋，用糊涂的办法来解决了。这是一种极为明智的方法，既可以保全自己，同时也可以伺机而动。因此，糊涂是一种忍让，是一种大度和宽容，是一种智慧的处世良方。

很久以前，有一位贤明而受人拥戴的国王，年纪很大，膝下却没有一个孩子，这件事，使他很伤脑筋。

有一天，国王就想出了一个办法，说："我给提供种子，如果谁能够培育出世界上最美丽的花朵，那么，就让那个孩子成为我的继承人。"所有的孩子都将那些种子种在了花盆中，他们从早到晚，浇水、施肥、松土，精心护理。

其中有一个男孩，他也整天用心培育花种，但是，十天过去了，半个月过去了，一个月过去了……花盆里的种子依然如故，不见发芽。

"真是奇怪！"这个小男孩有些纳闷。他去问他的母亲："妈妈，为何我种的花总是不发芽呢？"母亲同样也为此事很纳闷，她说："你把花盆里的土换一换，看行不行。"

这位小男孩便依照妈妈的建议，在新的土壤中播下了种子，但是它们却仍旧不发芽。这个时候，国王决定观花的日子到了。无数个穿着漂亮的孩子纷纷涌上街头，他们各自捧着盛开着鲜花的花盆，每个人都想成为继承王位的太子。但是，不知为何，当国王环视花朵，从一个个孩子面前走过去时，他的脸上没有一丝高兴的影子。

忽然，在一个店铺旁，国王看见了正在流泪的小男孩，这个孩子正端着花盆端正地站在那里。国王就将他叫到自己的跟前，问道："你为何端着空花盆呢？"小男孩哭泣着，他把他如何种花，但花种又长期不发芽的经过告诉了国王，并说，这可能是报应，因为他曾经在别人的果园里偷过一个水果。

国王听了小男孩的回答，高兴地拉着他的双手，大声地说道："这是我苦苦要寻找的诚实的孩子。"

为何要选择一个端着空花盆的孩子去继承王位呢？所有的人都很纳闷。国王却说："子民们，其实我发给你们的花种都是煮熟了的种子。"听了国王的话，那些手捧美丽花朵的孩子们，个个都面红耳赤，因为他们播下的是另外的花种。

那些播下另外的花种的孩子，看似聪明，但聪明反被聪明误。而那个小男孩却让人明白，该糊涂时应糊涂。很多时候，"糊涂"地去做事情，不要太较真儿，才是智者的行为。糊涂做事，能够过滤掉那些不必要的麻烦，反而让我们更容易取得成功。

同时，糊涂是人与人交往的润滑剂，可以让别人消除对你的距离感，让你变得亲切。有时候，糊涂是做事情的小窍门。过分地较真儿，过于追求完美，反而会适得其反，糊涂则可以让我们置身事外地去分析问题，解决问题，这种糊涂不是无知或者是不明白，更多的是一种大彻大悟的表现，是一种大智慧。

关于此，有这样一个故事。

春秋时期卫国有个有名的大夫叫宁武子，一生辅佐了卫文公和卫成公两代君王。

在卫文公时，国家政治极为清明，社会安定。这时候，宁武子表现出了超人的智慧与能力，已经成为当时卫国的"第一聪明之人"。然后，到卫成公的时候，国家政治黑暗，社会混乱。宁武子作为当朝大夫，则表现得异常愚蠢鲁钝，好似自己什么都不知道，看上去像个"白痴"一样。不过，就是这个前朝聪明，后朝糊涂的人，安然地过完了自己的一生。

其实，他后面的糊涂都是装出来的，不是真正的糊涂。

国学大师南怀瑾是十分推崇宁武子的这种"难得糊涂"的处世哲学的。他认为，宁武子在前朝所表现出来的那种聪明才智，是有人能够做得到的；然而他处于乱世之中，将自己的聪明收敛起来，就很难有人做到了。

生活中，多数人都是聪明的。然而，正是这种聪明让我们工于心计，斤斤计较，使我们的心灵沾染上了诸多的烦恼和痛苦。我们要想收敛起自己的聪明锋芒，做到糊涂处世、宽容忍让的样子，就极难了。

其实，聪明和糊涂本身并没有优劣之分。只不过太聪明、太精明的人，学一下"糊涂"，对自己是大有裨益的。古人如是说："心底无私天地宽。"你心灵深处的"天地"变宽了，就不会对一些琐事过于认真，过于计较，苦恼也不会来了，心中也不会无端生出许多怨恨和痛苦了。聪明是天赋的智慧，而糊涂在很多时候也是一种聪明的表现。

所以，从现在开始，让我们变得"糊涂"一点吧。

对别人"糊涂"一点，对方便会更加信任你，因为他认为你不会斤斤计较，精于算计；

对朋友"糊涂"一点，无论谁付出多少，只要大家开心就好；

对爱人"糊涂"一点，给他自由，也给自己的心灵留下了空间；

对事情"糊涂"一点，得失常在，开心难求，学会舍弃，心中才能更坦然；

对生活"糊涂"一点，人生无须太清明，能自在一会儿是一会儿；

对未来"糊涂"一点，漫漫人生路，随时随地都是新的起点。

4. 成事要先学会忍气吞声

一个人忍耐多大，力量就有多大；一个人承担多少，成果就有多少。忍耐的过程是痛苦的，但结果却是甜蜜的。无论是对逆境，对内在的烦恼还是外在的灾难，都需要"忍"功。忍耐是一种以退为进的生存智慧，一种明心见性的处世哲学。忍耐不是软弱，不是逃避，而是一种心灵的超脱。

忍，是中国文化的美德，古人将"忍"当作一个人道德修养的重要组成部分。古人云："愤欲忍与不忍，便见有德无德。"由此可见，遇事是否能忍，可以反映出一个人的道德修养。同时，一个人遇到挫折或打击是否能忍，可以反映出一个人的胸怀和度量。

"忍"字头上一把刀，一般人在受了欺侮、冤屈时，往往会痛哭流涕或者暴跳如雷。但是，如果哭过了，跳过了，也就没有力量了。假如你忍得住眼泪，忍得住暴怒，保持平和和镇定，这便是涵养的力量，这便是忍的功夫了。

很多情况下，"忍"是一种成事的谋略，它反映出一个人的城府。一个"济天下"的好汉，不会计较一时的得与失，因为他志存高远，不做无谓的牺牲。做大事者要有容人之量，这样才能有人愿意与你共事，为你效劳，这种忍是一种强者才具有的精神品质。

三国时期，曹操打败了袁绍，统一了中国北部，欲挟天子以令诸侯。这时候，司马懿突出的才干引起了曹操的注意，曹操想将他收到自己的帐下，委以重用。经过一番努力后，司马懿终于同意为曹操效力。

曹操重用司马懿，一是看中他的能力，二是因为不放心，所以才将他控制在身边。在这种情况下，司马懿只好韬光养晦，尽心尽力为曹操办事，以换取曹操的信任。曹操看到了司马懿的忠心后，便慢慢消除了对司马懿的疑心，并委以重任。

司马懿得到曹操的信任后，虽然被委以重任，但是却没有实际的兵权，而司马懿一直忍耐着。

建安二十五年，司马懿40岁，汉丞相曹操于洛阳病逝，当时情形很危险。外有曹彰的问罪之师，内有暴乱的诸路兵马。同时，汉室遗臣们也有蠢蠢欲动之象。曹操的两个儿子曹丕和曹植之间的夺嫡之争也愈演愈烈，一发不可收拾。

在这个时候，司马懿毅然挺身而出，冷静地做出决策，"纲纪丧事，内外肃然"，他采取了一系列策略，说服汉献帝正式册立曹丕为魏王，使曹丕顺利地登上了太子之位。

曹丕当上魏王后，立即封司马懿为封津亭侯，并转任丞相长史，成为魏王府中的核心人物之一。曹丕因为对司马懿心怀感激，给了他十分宽松的发展环境，此时的司马懿不用再畏惧曹操的猜忌。他开始大显身手，"留守许昌，内镇百姓，外供军资"，为魏文帝南征，逐渐跻身到了最高决策层。

后来，魏文帝病重。当时的司马懿固然深受信任，但在军事大政方面，曹丕还是偏向于自己的曹氏宗亲的意见。而司马懿在军事方面一直很低调，从来不暴露自己的才干。

魏文帝死时，司马懿47岁。此时的他在政治方面开始崭露头角，开始向目标大踏步前进，始终立于不败之地。此时他已不甘于幕后，更渴望走上历史的前台。

公元227年，曹丕的儿子曹睿登基为帝，即为魏明帝。当时，东吴孙权率领数万雄师，魏国的江夏城被重重围困，东吴还派大将诸葛瑾、张霸攻打襄阳城。司马懿深藏不露的军事才能终于有机会得以充分地发挥。他果断地率军出击，大败吴军，立下了赫赫的战功，被任命为骠骑大将军。

无论是曹操执政时期，还是曹丕执政时期，司马懿都能够以忍字为重，终于换得了扬眉吐气的一天，不能不说是一种大智慧。司马懿将"忍"字做到了极致，总会耐心等待，总能够把握适当的时机出手，最后终于大展宏图，显示了他高超的处世智慧。

忍，不是懦弱，不是无用，而是一种力量，一种智慧，更是一种处世的艺术。同时，也是接受，是担当，是责任，是处理，是化解。选择忍，不是摒弃自己的人格，放弃自己的原则，而是坚持自己的理想，保存自身的实力的一种处世策略。同时，也是在时机还未成熟时，对自身理想的一种笃定。可以说，只有懂得"忍"的人，才能成就大事业，有大作为。

5. 曲则全，巧用曲线原则处世

几何学上认为，直线距离是空间上最短的距离。然而，在为人处事中，最短的距离不是直线的距离，而是曲线的距离。因为"曲线"，更能够拉近人与人之间的距离，能使许多事情更容易达成。懂得曲线处世艺术的人，也是懂得取舍的人。他们能够舍弃尖刻，赢得和谐；舍弃坚硬，求得完备。

古代大哲学家老子，有一次把弟子叫到床边，他张开口用手指口里面，然后问弟子们看到了什么样？在场的弟子没有一个能够回答得上来。老子说："满齿不存，舌头犹在。"意思是说，牙齿虽硬但是它的寿命不长；舌头虽然柔软，能随意弯曲，但生命力却极强。

这个故事告诉我们，做人不要像牙齿那样太过坚硬、耿直，而是要像舌头那样随时随地懂得弯曲，懂得运用曲线艺术，如此才能达到目标，才能更为长久。比如，小孩淘气，大人直接责骂给予批评，小孩容易产生逆反心理，起不到实际的教育效果。但是如果用个方法转个弯，用讲故事的方法教育他，他可能会心服口服。这便是"曲则全"的处世艺术。

维尔斯是一家工程公司的安全监督员，监督在工地上的员工戴安全帽是他的工作职责之一。

每次遇到没戴安全帽的人，他便会批评他们太过自由散漫，无视公司的规定。受批评的员工虽然表面接受了他的训导，但却满肚子的不愉快，常常在他离开后又将安全帽拿下来。于是，他决定停止当面批评。

当他又发现有人不戴安全帽时，就会仔细地询问他们安全帽戴起来是不是很舒服，或者是不合适之类的，然后则会以和缓的话语提醒他们，戴安全帽的目的是为了保护自己不受伤害，建议他们工作时一定要戴安全帽。结果，遵守规定戴安全帽的人越来越多了，而且也不再像之前那样心怀怨恨或者怀有不满的情绪了。

维尔斯巧妙地运用了"婉转指正"的"曲线"法则，达到了极好的效果。维尔斯看似没有一句批评之语，但他的做法却让人十分感动，很容易让犯规的人接受。维尔斯只是稍微转了一个弯，就达到了纠正他人不规范操作的目的，真可谓"以曲求全"、"以曲求直"。

然而，在现实生活中，许多人却不懂得这个道理，当承受不住来自生活各方面的压力的时候，因为不懂得弯曲低头，最终使自己身心疲惫，耗尽精力，也为此付出了极大的代价。

在一个阳光明媚的午后，一只美丽的花蝴蝶从敞开的窗子飞进了一幢漂亮的房子中，一圈又一圈地不停地飞舞着。它的舞姿吸引了正在瞌睡中的主人，主人的目光顿时随着这只蝴蝶运动的曲线而游移。飞了几分钟后，蝴蝶的舞姿越来越凌乱了，显然它是迷路了。

迷失方向的蝴蝶开始在屋子上空焦急地寻找出路，有好几次它差点就要飞出窗子了，但是它总是拼命地使自己往高处飞，最终撞在窗子上方的天花板上，它使尽全力使自己飞得更高、更远。但是它哪里知道，只要它飞得再低一些就会飞出窗子进入外面的世界。最终，这只因为在高空盘旋而不肯弯曲低飞的蝴蝶耗尽了全力，奄奄一息地落在地板上。

现实生活中，有很多人都会如这只蝴蝶一样，遇事不肯低就，结果不仅把自己搞得身心疲惫，还错失了光明的前程。

人生在世，每个人都会遇到压力，当你承受不住的时候，不妨就灵活地弯曲一下，向生活低个头。做人虽然不可无傲骨，但为人处世也不能总是昂着头，那样只会让你错失脚下的美丽风景，甚至还会因看不清脚下的路而栽跟头。弯曲低头不是让你倒下，而是为了更好地站立。

千百年来，我们一直推崇"大雪压青松，青松挺且直"的精神，但是那些小枝干无法承受这样的压力时，它如果还要坚持"挺且直"，最终的结果只有一个，断枝夭折。那么，当身上的"积雪"压得自己喘不过气来的时候，不妨试着弯曲一下，抖落掉满身的浮雪，就可以为以后长成参天大树创造条件。

"曲全、枉直、洼盈、敝新"，老子用寥寥数语点破了处世的精髓。其实，人世间的许多事情，你只需要转换一下思路，变直为曲之后，便可以化腐朽为神奇。比如，一些善于言辞的人，讲话既婉转又圆满，既可以有效地达到目的，又能够皆大欢喜。

"曲"的内涵是极为丰富的，比如：柔和、变通、圆融、灵活、弹性、应变、适应、隐藏、低调、退让、适度地妥协……为人处世，学会巧妙地运用曲线，实际上是为了更好地站立。适当地弯曲是一种理智。

弯曲也不是妥协，更不是一种毁灭，而是在战胜困难过程时的一种理智的忍让，是为了让生命锻炼得更坚强。

人生之旅，有诸多的磨难与坎坷，很多时候难免要直面矮檐。而弯曲就是生命在不堪重负的情况下，适时适度地低下头，躬一下腰，抖落掉多余的沉重，以求走出矮檐而步入华堂，避开逼仄而迈向辽阔。唯有如此，人生之旅方可伸缩自如，游刃有余，步履稳健，一路顺畅。

6. 方圆有道：既要坚持原则，又知随机应变

方圆之道是一种智慧的取舍艺术：方是目标，圆是路径；方是原则，圆是变通；方以不变应万变，圆以万变应不变；方是做人的脊梁，圆是处世的锦囊；方而不圆会处处碰壁，圆而无方则不知其可；立志如山是方，行道如水是圆，不如山不能坚定，不如水不能曲达。方圆相融随方就圆，在方中做人做事，在圆中自在归真！

教育家黄炎培说："取象于钱，外圆内方。"意思是说，古时候的钱币都是外圆内方。外面的圆是对外的，"边缘"要圆滑；里面的方是对内的，是"内心"。用来比喻为人处事的道理，便是对内要守得住内心，要坚持自己的原则和立场；而对外要懂变通，学会放低姿态去适应外在的世界，如同鲤鱼曲身，是跳龙门之前的酝酿；猎豹拱背，不是畏惧不前，那是离弦之前的蓄势。

社会上，真正懂得方圆之道的人，能够在复杂的环境中智慧地取舍，

他们的行动会干练敏捷，不为人情绪所左右；退避时能够审时度势，弯腰时做好蓄势的准备，以求东山"待发"之机。方是对内的原则，圆则是对外的机变，以不变应万变，做到方圆并济，才能事事如自己所愿。

刘邦与项羽争霸天下的时候，萧何、韩信、英布、彭越等有才之士立下了汗马功劳。然而，刘邦登基坐殿不久，就开始猜忌这些功臣。最终，韩信、英布、彭越等人终究是躲不过"鸟尽弓藏，兔死狗烹"的悲惨下场。其中，萧何也屡屡受猜忌，但还是逃过了杀身之祸。

当时，韩信被除掉后，刘邦当即封萧何为相国。当满朝文武都向萧何道贺的时候，唯有东陵侯召平极为坦诚地对他说："这下您可能要大祸临头了。"

萧何感到不解，召平意味深长地说："您被封为相国，每天都在城中待着，而主上却要冒着枪林弹雨四处征战。您没受到打仗的劳累，却得以加官晋爵。这名誉上是对你的赏赐，实际上是在嫉恨你啊！"

萧何马上意识到了问题的严重性，他十分明白君臣的关系一旦处理不好，必然会引来杀身之祸。于是，他便到刘邦面前谢恩，然后婉言谢绝了这次加封。不仅如此，萧何回到家中，还将家中的财产拿出来，交给朝廷，用以充实军需。萧何的举动果然让刘邦很高兴，不仅免除了祸患，还让刘邦认为他是忠心的，便放松了对他的警惕。

后来，当刘邦在外讨伐叛贼的时候，萧何留在后方负责督运粮草。只要一有时间，刘邦就会向押运粮草的官员询问：萧相国最近都在做什么事？押运官就如实回答，说萧何只是在安抚老百姓，或者是筹措粮草军械之类。刘邦听了表面上没说什么，但内心已经认定萧何在收买人心。

随即，押运官回到关中后，就将刘邦询问的事情报告给了萧何。萧何听后有些茫然，他不懂刘邦这是何意。

一次，萧何的幕僚谈及此事，便说道："你不久将大祸临头了！"萧何闻言大惊失色，赶紧问是怎么回事。那位幕僚又说道："主上如此关心您在做什么，很明显就是怕您久在关中，深得民心。主上经常外出打仗，后方的关中会很空虚。如果您在关中起事造反，那可就断了主上的后路了，而且他打下的大好江山也会毁于一旦。"

萧何听罢，感觉有理，便再三权衡，在私下里做了一些抢占土地、仗势欺人的事情。押运官回到前线，将萧何如何强买民田、被人非议的情况报告给了刘邦。

刘邦平定了淮南，回到长安养伤时，萧何便前来探望，刘邦就将人们诽谤他的书信交给他看，叫他自己去向百姓道歉。萧何看到主上的反应，认为这次的行动达到效果了，回家后叫仆人或是补上田价，或是干脆就把田宅还给原主，逐渐平息了那些谤议。

在复杂的环境中，萧何正是懂得方圆之道，能取敢舍，最终才保全了自身，而且不违背自己的原则，可谓高明。

刘邦和萧何是君臣关系，无论萧何有多高的才干，这种关系是无法改变的。而萧何的聪明之处就在于他能够随机应变，做事灵活而又不失原则，最终能够化险为夷，保全自身。

方与圆是一种成大事者的智慧处世之道。方是做事的原则，它犹如定海神针，随时为你指明方向，使我们保持足够的清醒。圆是圆融的处世方略，它能让人在复杂的环境中随机应变，保全自身，以图更大的发展。所以，在生活中，我们也要深谙此道，如此才能让你的人生之路更为顺畅。

7. 吃亏是福，舍小求大

别人想什么，我们控制不了；别人做什么，我们也强求不了。唯一可以做的，就是尽心尽力做好自己的事，走自己的路，按自己的原则，好好生活。即使有人亏待了你，时间也不会亏待你，人生更加不会亏待你！

生活中很多的不快乐是因为自己吃了亏，认为"吃亏"就意味着"失去"，认为吃亏是一种极其愚蠢的行为。然而，很多时候，我们所吃的一些"亏"只不过是事情的表象而已。一件看似吃亏的事情，最终可能会变成对你非常有利的事情。

张瑞大学刚毕业，就在一家私营企业找到了一份工作，薪水不高，但工作还算轻松——在计算机前统计公司产品的销量，做一些报表。这份琐碎的工作，什么也学不到，长久下去不利于自身的发展，太过吃亏。

那一天，张瑞就向一位亲戚抱怨，这位亲戚是一家快餐店的老板。听到张瑞的抱怨，他微微一笑说："我给你讲讲我的经历吧。初中毕业后，因为家里贫穷，没钱再供我读书，我去学厨师。在厨师学校，我的成绩非常好。结果，被招聘到一家饭店。刚进饭店的时候，老板分配我端菜，我没有任何怨言，一边端菜，一边观察厨师的操作技艺，我很快学会了学校里没有学过的菜系和菜样。有时候，饭店的生意很忙，我也去后厨帮忙，拿的还是端菜的工钱。就这样干了一段时间，命运出现转机，一位厨师辞职了，老板让我试试。结果，我比辞职的厨师干得还好。因为有端菜的经历，我对客人们偏爱的菜肴就有了基本的了解。后来，饭店的菜系和品种有很多都采用我的设计。我在那家饭店干了五年，挣了近15万元，这也算得上是我人生的第一桶金吧，后来，我开了现在这家饭店。"

张瑞若有所思。

那位亲戚接着说："我认为你做现在的工作一点也不吃亏，统计公司的产品销量，要不了多久，你就会对公司产品的销量了如指掌；你还能够掌握公司主要客户的基本信息以及公司的财务状况。这些核心的机密尽在你的掌握之中，怎么能说是吃亏呢？将来要创业的话，这是无价之宝啊！"

张瑞连连点头。

张瑞的经历充分说明，很多时候，我们看似"吃亏"的那一部分，命运会在更高更远的地方补偿给你。

吃亏是福，这句话并非是自欺欺人，有时候为了实现自己的目标，是要舍得"吃亏"的。只要目标坚定，将心态摆好，"吃亏"的人总有一天一定会得到命运所赐予的丰盛的大餐。

吃亏并非是一种傻和笨的表现，而是一种包容的气度，是一种福气，是一种以退为进的处世方略。所以，生活中，要以淡然的心态对待"吃亏"，终有一天，你会收获到意想不到的惊喜。

甄宇是东汉时期的太学博士，为人忠厚，遇事也懂得谦让，所以很受人尊敬，其他的官员也很愿意与他接近。

有一次，皇上将一群外番进贡的活羊赐给了在朝的官吏，要他们每人分一只领回家。

在分配活羊时，负责分配的官吏犯了愁：这群羊大小不等，肥瘦又不均，如何分才能让群臣们无异议呢？

皇上让大臣们献计献策，这些羊到底如何分才算合理。

有的大臣说："可以将羊全部都杀掉，然后肥瘦搭配，人均一份。"也有人说："干脆大家抓阄，抓到哪只是哪只，全凭个人运气。"

就在大家七嘴八舌争论不休之时，甄宇则站出来，与大家分享他的意见，说："分只羊不是极为简单的事情吗？依我看，大家随便牵一只不就可以了吗？"说着，自己便从中牵走了最为瘦小的一只。

看到甄宇这样做，其他人也不太好意思专牵最肥壮的，于是，大家都挑最小的羊开始牵。很快，羊被分完了，大家都没有任何怨言。

皇上看到了甄宇如此大度，就当即赐予他"瘦羊博士"的美誉。不久后，在群臣的共同推举下，甄宇又做了太学博士院的最高官员。

从表面上看，甄宇牵走了一只最瘦小的羊，是吃了亏。但是，他却得到了皇上的器重和群臣的拥戴，实则是占到了大便宜。正所谓"吃亏是福"，一些聪明的人遇到事情是不会斤斤计较的，而是能够成功地运用吃亏的智慧，得到更多的福分。

吃亏是人生的一种豁达，是一种有涵养的重要表现，它不但给了别人机会，也取得了别人的信任和尊敬，能与他人和睦相处。然而，在生活中，有三种人是不肯吃亏的：第一种是肚量小的人，吃了亏就想不开，茶饭不思，好像被剜了肉一样，最终伤了身体，吃了大亏；第二种是火气太大的人，吃了亏后随即就开始双脚跳，轻则破口大骂，重则大打出手，将事情弄得不可收拾，反而吃大亏；第三种是心眼小的人，吃了亏就要睚眦必报，常常让与其共事的人怨声载道，失去人气，让自己因小失大。事实上，如果你能够平心静气地对待吃亏，表现自己的度量，往往能够获得他人的青睐。

8. 智慧取舍：把握好坚持与变通的尺度

选择比努力更重要。一位哲学家说，一个正确的选择可以将一个平凡的人推向辉煌的彼岸；一次错误的选择则会彻底毁了一个人的一生。人生要如彩虹般绽放七彩，那就把握好坚持与变通的尺度，走好每一步。

奔腾不息的河流，因为坚持奔流，才成就了一方浩渺的海洋；五彩缤纷的贝壳，因为学会了变通，离开大海，同样也描绘出满地的星光。成功需要坚持不懈的精神，同样，也需要灵活变通。在事业的起步阶段，我们一定要把握坚持与变通的尺度，懂得在什么时候该坚持，在什么情况下该变通，这是取得成功的关键。

一个村庄中有两位年轻人，一个叫小朋，一个叫小明，两人是很要好的朋友。因为他们居住在偏远的山区，谋生不容易，所以，就相约到远地去做生意。他们两人同时将家中的田地变卖，带着所有的财产和驴子出发了。

他们先到了一个生产麻布的地方，小朋对小明说道："我们家乡，麻布是很值钱的东西，我们要把所有的钱取出来换成麻布，带回故乡去卖，一定能赚大钱的。"小明觉得这个想法不错，于是就同对方一起，买了很多的麻布细心地捆绑在驴子的背上。

紧接着，他们一同又到了一个盛产毛皮的地方，那儿正好也缺少麻布，小朋就对小明说道："毛皮在我们家乡也是十分值钱的东西，我们可以在这儿把麻布卖掉，换成毛皮，这样不但可以收回本钱，返乡之后还能得到极高的利润。"

小明说道："不了，我的麻布已经极为安稳地捆在驴背上了，要搬下来太不容易了。"

小朋就把自己的麻布全部换成了毛皮，还多了一笔钱，而小明依然有一驴背的麻布。

他们又继续前进到一个生产药材的地方，因为那里天气苦寒，正好缺少毛皮和麻布，小朋就又对小明说道："在我们家乡，药材是更加值钱的东西。我们可以把麻布和毛皮卖了，换成药材带回故乡一定能够大赚一笔的。"

而小明则再次拍拍驴背上的麻布说道："不了，我的麻布已经很安稳地在自己的驴背上了，何况已经走了那么长的路，卸上卸下真是太麻烦了！"随即，小朋又把毛皮都换成了药材，还大赚了一笔，而小明依然有一大驴背的麻布。

后来，他们又路过一个盛产黄金的城市，那个金矿城市是个不毛之地，欠缺药材，当然也极为缺少麻布。小朋就对小明说道："在这里药材和麻布的价格很高，黄金却很便宜，我们故乡的黄金却十分地昂贵，我们只要将药材和麻布换成黄金，这一辈子都不愁吃穿了。"

小明再次拒绝了，说道："不，不，我的麻布在驴背上面很是稳妥，我不想变来变去的。"小朋则把自己的药材换成了黄金，又赚了一大笔，而小明依然守着自己一驴背的麻布。

最后，他们回到了家乡，小明变卖了麻布，只得到一些蝇头小利，与他的辛苦远远不成比例，而小朋则不但带回家一大笔财富，还把黄金变卖了，成为当地的大富豪。

这个故事阐明了一个道理：每个人的职业生涯都一定要把握好"坚持"与"变通"的尺度，要懂得什么时候该坚持，什么时候该变通，这样才能够抓取机会，随机应变，实现人生的最高追求。

坚持是成功的保证，变通则是成功的灵魂，我们只有在坚持自己梦想的同时，学会在复杂的环境中适当地变通，才能够紧跟市场变化而发展，取得最终的成功。

芬兰是北欧一个不起眼的国家，但却坐落着世界著名的企业诺基亚公司。

在1998年8月的一天，诺基亚公司总部一片欢腾，人们打开了一瓶香槟，热烈庆祝公司销售网覆盖国家的数量超过了麦当劳。

在当时，诺基亚以过硬的产品质量已经销往130个国家，比麦当劳多出了15个，而且还在10个国家建立了分厂，拥有5万多名员工，还在40

多个国家设立了销售部，年销售额达到了1180亿瑞典克朗。

这些惊人的业绩的取得，与一个叫作"败家子"变卖家产的人是分不开的。这个"败家子"就是当时的诺基亚总裁姚玛·奥利拉。在1993年时，奥利拉就下命令：将移动通信之外的所有部门都卖掉，以专业取胜！

这个命令一出，立即遭到当时所有管理层的反对，尤其是那些老员工，大骂奥利拉是个十足的"败家子"。然而，奥利拉却始终坚持自己的决策，他认为诺基亚公司之前的发展模式太过陈旧，没有核心竞争力。如果能够适当地变通，卖掉繁杂的部门，坚持专业创新，这是取胜的关键。

决策下来，他就立即开始行动，他每卖掉一个部门，诺基亚的老员工就减少一些，随着放弃的部门相继被出售，诺基亚的队伍也变得越来越年轻。

很快地，所有的芬兰人都开始意识到"败家子"总裁这一创造性的决策是多么的英明，这一决策使诺基亚步入发展的快车道。奥利拉的这一个"壮士断腕"的大手笔，换来了诺基亚公司的空前成功。

在诺基亚发展的十字路口，总裁在坚持企业核心产业的同时，减掉其他繁杂的部门，才使诺基亚走上了良性发展的道路，从而彻底改变了诺基亚的未来。

生活中，无论是企业还是个人，在发展的道路上，只有很好地把握变通与坚持的尺度，才能做出正确的决策，才能够在残酷的竞争中胜出。

9. 学会"装"糊涂，只知道该知道的

所谓糊涂，不是愚蠢的表现，而是表面糊涂，内心清明的大智若愚。糊涂的人，能想得开，舍得下，向前看，这样他们便能从琐碎的事务中超脱出来。糊涂的人，往往能将智慧深埋于心，能够应对复杂的世事，简单做人、简单做事，逢人不急，遇事不恼，用难得糊涂的随遇而安，酿造生活的醇厚佳酿。

生活中，每个人都有好奇心。为了获取知识的好奇是求知欲，而出于

对他人隐私的好奇，对那些无关紧要的生活细节过分追究，则会伤及别人自尊。要知道，很多事情不必深入探究，该"糊涂"的时候要尽量糊涂，才能避开交际"雷区"，与他人维持良好的人际关系。

当然，如果该"糊涂"的时候不懂得糊涂，总是"锐意进取"，那么灾祸很可能就离自己不远了。

中国有句古话：不知者不为罪。是福是祸有时候就在一念之间，一般的人面临突如其来的灾祸，会慌张行事暴露自己，而懂得"糊涂"道理的人，能够面对灾祸机智应付，巧妙地"装作不知道"，从而化险为夷。

东晋大书法家王羲之的家族是望族，他的两位伯父王导和王敦都是拥立司马睿建立东晋的功臣。当时的王导为东晋的宰相，王敦则为大将军，掌管东晋的兵马大权。当时上流社会都流传着"王与马共天下"的说法。王氏家族在东晋的政权中，有着极盛的权势，地位之高，无与伦比。

王敦虽然已经位极人臣，享尽荣华，但是野心很大，早盯上了皇上的宝座。王敦的谋士钱凤，一直给王敦问鼎的野心鼓气。他自己也存心借此捞个开国元勋。二人因为臭味相投，成为知己。

初夏的一个早晨，王敦起床后，钱凤便焦急地跑进王府大门，见到王敦后，与其谈起了"谋反"的机密。

钱凤用极为神秘的口气，对王敦说着。钱凤带给王敦的似乎是一个不祥的消息，王敦听着听着，眉头便皱了起来。二人情绪极为紧张，嘀咕了一阵子，王敦突然神情激动地站了起来，手一挥，正要开口说话，忽然便停了下来，原来他透过窗子，看到对面房间里垂着的帐子动了一动，他这才想起他的侄儿王羲之还在床上睡觉。

当时的王羲之才12岁，平时深受王敦喜爱。王敦还曾将聪明机灵、悟性极高的王羲之当成是维持王家世家大族地位的"荣誉"标志之一。所以，他经常将王羲之带在身边，留在他的王府中生活。这一次，王敦因为疏忽大意，将王羲之睡在里屋的事情给忘记了。直到王敦起身，看到帐子动了一下，才想起来，大惊道："不好！羲之还在这里睡觉。我们刚才说的话，让他听去了如何是好？"

策划起兵、夺位，是冒天下之大不韪，万一走漏风声，策划者的身家性命将彻底灭亡。经王敦这么一说，钱凤则说："大将军，计划一旦泄露，我们便死无葬身之地了。量小非君子，无毒不丈夫！"便怂恿王敦去杀死王羲之。

听了钱凤的话，王敦脚一跺，说："对，不能儿女情长。"接着便转头向着王羲之睡觉的房间走去，手里拿着把剑。王敦撩起帐子，正要挥剑，却听到了王羲之轻微的鼾声，他睡得正香甜，并将头歪在一边。王敦掀起帐子，王羲之也毫无反应。

原来，王羲之早听到了王敦和钱凤的谈话。当王敦提剑向他走来时，王羲之尽力使自己平静下来，两眼紧闭着，神态自如，完全像睡着似的，一点破绽也没有露出来。王敦因而才没有下手。

王羲之这次装"糊涂"装得真是太成功了，救了自己一命。

很多时候，知道的事情越多，危险就越大，因为这可能涉及他人的隐私或者秘密，而这些隐私和秘密又是他人不想让你知道的。所以，有些事情不该知道就不要知道，因为好奇害死猫的事例，历史上不乏其数。当然，有些时候，即便是知道也要假装不知，这才是极为高明的处世之道，也是远离灾祸、保全自身的明智做法。

10. 进退有度，走好"下坡"路

进退有度，才不至进退维谷；淡泊铭心，方可以宠辱不惊。淡泊是人生的一种坦然，能够坦然地面对生命中的得与失。淡泊也是人生的一种豁达，豁达对待人生中的进退。淡泊是对生命的一种珍惜，珍惜眼前从不好高骛远。淡泊可以使你真正地享受人生，在努力中体验欢乐，在淡泊中充实自己。拥有淡泊的人是幸福的人。

人生在世，有得必有失，这是人们共知的道理。但现实生活中，很多人在面对个人利益得失时，却很难以一颗平常心去对待，总免不了要去争、去斗，最终带给自己的唯有无尽的烦恼和忧愁。

其实，人生就像爬山一样，要么往上走，要么往下走。我们不能希望总是走上坡路，有时候，走下坡路也是每个人必然的经历——爬到了山顶，唯有下坡路可走。怎么办呢？不妨坦然地走下来，再去爬另一座山峰，这才是最为积极的人生态度。

生活中，一些人在高位时，总会神清气爽，而"下位"，要退休时，却倍感失落。正如诗人所说："逢人都说休官好，林下何曾见一人？"其实，"上位"终有"下位"时。"上位"也好，"下位"也好，每一个过程都有它的因果道理，如果你为了"常在的失去"而影响了当下的心情，那就得不偿失了。

有一位局长找他的朋友喝酒。在席间，局长郁郁寡欢，愁绪万千，朋友急忙询问其中原因。原来，这位局长因为到了退休年龄，马上就要离任"正局"了。

见局长满腔哀怨，朋友劝他："解甲归田，是好事情呀！你离任了，说明你以后再也不必应付酒桌上的事情了，你就不再因为人情而伤肝损胃了，也不必再去注意别人的脸色了。有了急流勇退，多了让贤美名，岂不两全其美！"

看到局长愁眉渐疏，朋友进一步说："人生一世，做官是一时，做人才是一世。我有一个朋友，他的父亲官至高位，老人退位后，虽然没有了昔日的喧嚣，却有了属于他自己真正喜爱的书法、易经、圆口平底布鞋。近日得见，老人虽已近八十高龄，却端坐在电脑桌前，只听键盘嘀嘀嗒嗒声响不断。你一小小的局长，与老人比，不应该再豁达一些吗？"

朋友的话，让局长哑然失笑。朋友继续道："人生真如草木春秋，何苦要身心疲惫一世呢？太阳永远都是东升西落，长江后浪推前浪是必然的自然规律。年龄大了，还有'用青春赌明天'的本钱吗？"

听了此话，局长才一把握住了朋友的手，激动地说："真是感谢你，要不是你，我现在还在纠结呢。"最后，他要了一瓶"舍得"酒，并天真地说："这酒名曰'舍得'，看来，我是应该好好品品它了！"说完，豪爽的笑声响了起来。

生活有时就是这么残酷，它会逼迫你交出权力、放走机遇，甚至会使你失去爱情、亲情。而这都是自然规则，既然无法回避，那么，我们不妨学着接受，因为失去的毕竟是找不回来了，你唯一可以左右的只有自己的心情。

普通人也会涉及类似的命题。比如退休、降职、让贤等等。对曾经攀上事业高峰的人而言，恐怕没有什么比绚烂中迅速隐没更让人难以忍受了，这个时候，就需要我们深谙进退自如的处世智慧与哲学。

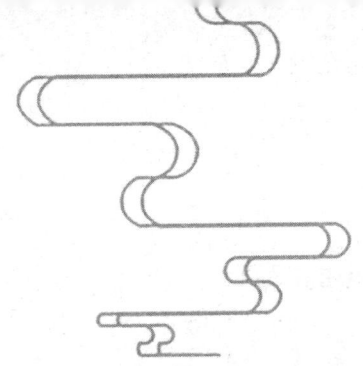

第五章

摒弃贪欲，在舍与得之中求安乐

人们总是会为"飞蛾扑火"而叹息，总是会为"鱼儿上钩"而遗憾，如果静下心来仔细想想：人心中的疲惫有多少是无尽的欲望带来的？

有句话说：人心不足蛇吞象。很多时候，人之所以不能心平气和地生活，不能体验到生活的快乐和幸福，是因为没有及时驱赶和舍弃内心无止的欲望，没有制止内心对外在物质的追求。如果你想要活得快乐、幸福，过得心安理得，就必须及时驱除内心的贪念，这也是获得自由人生的根本！

1. 欲望是烦恼和痛苦的根源

人最软弱的地方就是舍不得和放不下。我们永远以为最好的日子是会很长很长的，不必这么快离开。就在我们心软和缺乏勇气的时候，最好的日子就毫不留情地逝去了。舍与得就在一念之间。明白自己所需要的，所拥有的，要让自己的人生在快乐中享受而不是在痛苦中煎熬。

人的多数烦恼、痛苦都是由于内心的欲望产生的。欲望多的人，贪心重，患得患失，内心经常矛盾冲突不断，而这将不断地置人于焦虑与烦恼之中。

在海边一个简陋的小木屋里，住着一位老太太和她的老伴，家里除了一张睡觉的床，一床棉被，一个烧饭用的火炉和一个盛鱼的大木盆，别无他物。他们的日子固然过得清贫，但却非常有意义。每天老头子都会到海里面去打些鱼回来，等他们吃过饭之后，老头子会带着老太太到海边的渔船上面看星星，拉家常，平静中有一种和谐的美。然而，这种和谐在不久之后，却被一件事情打破了。

这一天一大早，老头子又出海打鱼，无意间打到了一条会说话的小鱼，小鱼为了活命，就说可以帮他实现三个愿望。老头子感到很困惑，就把这件奇怪的事情告诉了老太太，老太太高兴极了。从此之后，老太婆就在欲望之中沉沦了，她开始苦苦地思索，想了好久都想不起来自己究竟要什么。后来，她就将自己孤立起来，在孤独中开始不断地追寻，她不知道自己究竟在追寻什么，但是她却不能自拔了。她原本想要一间豪华的房子，又想到要一间金屋，想完了又想要一个聚宝盆，又想当女王，又想着要去做那些小鱼的掌管者。最终，因为她想得太多，太过劳累而死去了。

临终之前，她也没能想出来，自己究竟想要的是什么！

老太婆原本过着简单、平凡的生活，虽不富裕却很平静、幸福，没有烦恼和痛苦。直到她彻底跌入欲望的深渊中之后，所有的烦恼便产生了，她不停地被欲望所折磨，最终劳累而死。

其实，每个人可能都有这样的体验：我们在年少的时候，因为无所欲求，所以会感到轻松、快乐。成年之后，因为要面对太多的世事和诱惑，心中的欲望就越来越多，为了满足自身的需求，我们开始不停地捡拾，自以为装进去的都是最珍贵的，殊不知，捡起来的恰恰是无尽的烦恼，让我们不堪重负。慢慢地，我们心中所承受的东西越来越多，想拥有更多的钱财、美色、美食，想拥有权力、名望……凡是触及我们生活的东西，我们都想拥有，而这些欲望一旦得不到满足之时，我们的内心就会变得烦躁不已，心中塞满了烦恼和痛苦，幸福和快乐自然就少了许多。所以说，欲望是烦恼和痛苦的根源。唯有杜绝了心中的欲望，才能让内心恢复平静，从而获得快乐和幸福。

有人可能会说，如果无欲望，人类如何进步呢？的确，欲望是推动人类社会进步的原始动力，人类为了填饱肚皮追逐食物，才从树上下来，继而才学会了打造工具，最终才进化为人类的。如果没有欲望，也就没有人类的今天。所以，我们且不能因为欲望能产生烦恼，就"存天理，灭人欲"，关键是我们如何控制好自身的欲望，将欲望控制在合理的范围内，既能促使我们不断前进，又能防止烦恼的产生，何乐而不为呢？

要使欲望对我们发挥积极的作用，一定要控制好欲望的"度"。同时，我们也要把握好实现自身欲望的手段，要以不侵犯多数人的利益为前提。否则，你要满足欲望所遇到的阻力越多，烦恼和痛苦自然就越多。

另外，在满足个人欲望的过程中，一定要学会与他人分享。一个不懂得与他人分享的人，是很难在成功路上行得远的。因为一个人的能力毕竟是有限的，总无法囊括天下所有事情，做起事情也自然会因负累太多而失败。很多情况下，分享成果的过程，也是让他人为你分担烦恼的过程。所以，无论在什么时候，一定要学会分享。

2. 别让心灵承载太多的负担

这个世界上，没有一劳永逸、完美无缺的选择。你不可能同时拥有春花和秋月，不可能同时拥有硕果和繁花，也不可能所有的好处都是你的。你要学会权衡，学会放弃一些什么，然后才能得到些什么。你要学会接受命运的残缺和悲哀。然后，心平气和。因为，这就是人生。

佛家语，人的内心是真正的"地狱"。人内心的欲望越多，越难以满足，心灵深处的不安和愤怒便会越旺盛，最终将自己置于地狱的深渊之中。

张欣是上海一家外企的白领，收入高，身材好，人也长得漂亮。得体时髦的她，每天上班都会有不同风格的打扮，总能赢得同事的称赞。然而，正是在每天的称赞中，她的虚荣心越发地膨胀起来，为了更能使人注目，讲求品位，她不惜花大笔的钱来购买名贵的珠宝、名牌服装、高档包包……因为她收入有限，对奢侈品的拥有意愿却很强烈，这已经让她负债累累。

有一次，在与朋友聊天的过程中，张欣说自己其实活得很累，别人看到的只是她光鲜亮丽的外表，但是她的内心已经疲惫不堪。她经常反省自己，这种超负荷地购买名牌物品似乎没有真正让她开心过，她也想快乐起来，但这种欲望却让她欲罢不能。

由于心理的压力过大，原本漂亮的她也变得憔悴了许多。渐渐地，她对工作也失去了兴趣，原本感兴趣的事物她也不再感兴趣，每天都为了信用卡催账单而愁眉不展，人也变得悲观厌世了……她明白，这都是内心不可遏制的欲望惹的祸。

收入颇高的张欣本应过轻松、自在的白领生活，但就是因为内心的欲望让她承载了太多的负担，也让她丝毫感受不到轻松和快乐的滋味，无法好好地享受生活。其实，她本人已经很漂亮了，何必再用那些名贵的奢侈品去装饰自己，给自己增加烦恼呢？

在都市中，诸多人都被内心的欲望牵着鼻子走，拥有了一份不错的工作，又想拥有可心的住房，拥有了住房，又想拥有汽车，随即又想拥有一个可爱的孩子，拥有成功的事业……这些无止境的欲望，使我们的内心承载了太多的负担，永远没有停歇下来的时候。"累！累！累！"几乎已成为现代都市人的口头禅。我们在欲海之中不断挣扎，不知如何才能得以解脱。

有些人可能会说，那些喊"累"的人是因为欲望太多了，而我对生活的要求很低，但是为何还会感到累呢？下面的一则故事将会告诉你答案。

一位哲学老师给学生们上了难忘的一课。在课堂上，老师拿起一杯水，问学生："这杯水有多重呢？"多数学生回答，不过有100克左右而已。

"当然，它仅仅只有100克，那么，如果让你们端起这杯水，能端多久呢？"听到老师这么问，学生们都笑着说："仅仅100克水而已，能端着它坚持很长时间没问题。"

老师接着说："端着它坚持半个小时，我想大家肯定没有什么问题；如果拿一个小时，大家可能都会觉得手酸；如果让你坚持一天，甚至坚持一个星期呢？那可能得叫救护车了。"大家都笑了，但是，是赞许的笑。

老师又讲道："其实这杯水的重量是很轻的，但是当你拿得过久了，就会觉得沉重无比。这就如我们内心不断积累的一个个小小的欲望一样，无论它有多小，只要时间一久，终将成为心灵沉重的负担。"

如果我们能够及时地放下这杯水，休息一会儿之后再拿起来，那么，你一定能够持续得更久一些。为此，生活中，我们一定要学会适时地放下心中的欲望，让自己的心灵有一个好好休息的时间，这样才能让生命持续得更长久一些。

心灵的负累都是由一个个小小的欲望积累而成的，我们要让心灵获得轻松和快乐，就要学会适当地放弃，适当地放下心中负载的欲望包袱，轻装上阵，这样才能让自己走得更远。如同一张拉开弦的弓，如果绷得太紧的话，很容易折断，只有恰到好处，你的利箭才能够飞得更远，最终射到自己的目标。

心中多一分欲望，生命就会多一分痛苦；心中多一分舍弃，生命就会多一些快乐。当你感到心累或者痛苦的时候，要问一下自己，百年以后，哪一样是自己的？这样就会让自己放慢追求的脚步，丢弃一些欲望，让自己获得恒久的快乐。

3. 抓住该抓住的，放下该丢弃的

一件事就算再美好，一旦没有结果，就不要再纠缠，久了你会倦会累；一个人，就算再留恋，如果你抓不住，就要适时放手，久了你会神伤，会心碎。有时，放弃是另一种坚持，你错失了夏花绚烂，必将会走进秋叶静美。任何事，任何人，都会成为过去，不要跟它过不去，无论多难，我们都要学会抽身而退。

曾经有一段时间，张雷的家庭和事业都遇到了麻烦，烦恼、浮躁、焦虑整日都困扰着他。于是，便去当初的大学找一位恩师。见到老师后，张雷便一股脑儿倒出了自己的困惑和烦恼。老师笑笑，伸出右手，握紧拳头，说道："你试试看。"张雷便照做。"再握得紧一些。"于是张雷把拳头捏得越来越紧，连指头都攥进手心里了。

"感觉如何？"老师慈祥地问他。

张雷茫然地摇了摇头。

"把拳头伸开。"他伸开手掌。老师拿起桌子上的红枣和玻璃放在他的手中，说道："握紧。"他把红枣和玻璃碎片握在手心。"握紧一些，再紧一些。"

"不行了，老师。我的手都快被割破了。"他感到手掌极为疼痛。这个时候，老师突然喝道："那你还不赶快把拳头松开！"

他吓了一大跳，伸开手掌，看着手掌有些微红的印痕，玻璃碎片已经扎进红枣里了。

老师望着他，说："现在，把玻璃碎片取出来，丢掉吧！"

张雷就把玻璃碎片取出来。老师的这个举动，真是让他醍醐灌顶。这红枣好比是他的事业和生活，而这玻璃碎片就如他生活中的烦恼、浮躁和焦虑……

老师看着他的表情，笑了笑，说道："看来你已经有所领悟了。生活中的事就好像这红枣和玻璃碎片。如果你什么都不取，空握着拳头，即使用再大的力气，也是一无所获，这叫徒劳无功。红枣就像你生活中一切美好的事物，而玻璃碎片就犹如困扰你的烦恼，我们在做事的时候难免会产生烦恼。你将它们握得太紧，必然要伤到自己，握得越紧对你的伤害也就越大。所以，要记得及时将红枣中的玻璃碎片取出来丢掉啊。"

我们应该学会分辨身边的事情，并能及时取出红枣中的玻璃碎片，把握住我们应该抓住的，放下应该丢弃的，才是人生的大智慧，才能让自己过得轻松自在。

抓住该抓住的是指我们要勇于抓取那些本属于自己的，在自己能力以内可以获得的东西。而那些超乎自身能力以外的东西，就应该勇于舍弃，才能让自己活得轻松。比如，一个大学生，刚刚参加工作就想住奢华的房屋，开名贵的汽车，但是，他本身又没有足够的能力得到，于是，每天就开始苦闷，开始不停地抱怨，痛苦就如影随形了。为此，要远离痛苦，就要去珍惜自己当下所拥有的，追求自己力所能及的东西，这样才能够使内心获得真正的平静与快乐。

有一位男子已经 35 岁了，各方面条件虽然很不错，但是仍旧没有恋爱、成婚。为此，他也苦闷，经常出入婚姻介绍所。

有一次，他到一家婚姻介绍所，进了大门以后，迎面看到两扇小门，一扇门上写着"美丽的"，另一扇写着"不太美丽的"。

这位男子想，前一扇门里面一定有许许多多的绝色美女，同时还不停地幻想那些绝色美女的模样，心中很是高兴，就推开了那扇写着"美丽的"门。就这样，推开以后，远处又出现了两扇大门。一扇大门上面写着

"年轻的"，而另一扇上面写着"不太年轻的"。于是，男人就开始不停地幻想，并不停地向前走。于是，他又推开那扇"年轻的"门。这样一路走下去，男人先后推开了九道门，内心不停地在幻想，并且还累得气喘吁吁，当他推开最后一道门时，门上又写着一行字：您还是到天上去找吧！

这虽然是一则笑话，但是却说明了一个道理：那名男子追求的东西是不存在的，即便把自己累得气喘吁吁，也无法达到目的。而现实中的许多年轻人何尝不是像那位男子一般去执着于一些本该舍弃的东西，才让自己的心灵多了一些负担，使自己陷入痛苦之中无法自拔。

生活中，许多女士要穿名牌服装，要用奢侈品，男士要开奔驰、宝马，要戴贵重名表，孩子要上贵族学校，要用最新款的手机……这些身外之物，除了给我们增添烦恼和痛苦，徒增虚荣外，别无他用，是我们应该勇于舍弃的。而未来的梦想、内心的感受、当下的幸福、眼前所拥有的，都是我们生命中极为宝贵的东西，是我们应该紧紧抓住的。生活中，如果你做到了这一点，那么，你的生活将会变得精彩十足，快乐无比。

4. 快乐源于一颗知足的心

不要老是觉得生活中缺少点什么，不要总是与人攀比徒增烦恼，保持一颗知足的心，学会满足面对生活。只要幸福快乐，其他都不是问题。

"知足常乐"语出《老子·俭欲》："罪莫大于可欲，祸莫大于不知足；咎莫大于欲得。故知足之足，常足。"意思是说：最大的罪恶没有大过于放纵欲望的了，最大的祸患没有大过不知满足的了；最大的过失也没有大过贪得无厌的了。所以，贪欲是内心不快乐的根源。而如果人们知足于当下所拥有，就等于削减了内心的欲望，那么，烦恼和痛苦便会减少，快乐和幸福自然便来了。

从前，有一位国王，拥有至高无上的权力和荣华富贵，照理，他应该感到满足，应该天天笑逐颜开才是。但事实上他内心过得并不快乐。他自己也经常纳闷，自己很富足，拥有了人人羡慕的一切，但为何就是感受不到任何快乐呢？

有一天，国王很早便起床了，他随意在王宫四处转悠。国王无意间走到御膳房时，听到里面有一个厨子在快乐地哼着小曲，脸上洋溢着幸福的表情。

国王甚是奇怪，问那个厨子为何如此快乐？厨子则回答道："我家有一间草屋，肚子里不缺暖食，家里有贤惠的妻子和可爱的儿子，如此美满的生活，你说我能不快乐吗？"

听到这里，国王就明白了。随后，国王就与朝中的宰相讨论这个厨子的快乐，宰相说："陛下，我认为这个厨子之所以如此快乐，是因为还没有成为 99 一族。"

国王惊讶地问道："何谓 99 一族呢？"

宰相答道："您只需做一件事情就可以确切地明白何谓'99 一族'了。您准备一个包袱，在里面放进去 99 枚金币，然后将这个包袱放在那个厨子的家门口，您很快就可以明白一切了。"

国王便依照宰相所言，命人将一个装有 99 枚金币的包袱放在那个快乐的厨子家门口。厨子回家的时候，就发现了门前的包袱，他好奇地将包袱打开，先是惊诧，然后是狂喜：金币！怎么有这么多金币！厨子慌忙将包袱拿回家，将金币全部倒出来，查点了三遍，都是 99 枚。他心中便开始纳闷：没有理由仅有这 99 枚啊？哪里有人只会装 99 枚啊？那 1 枚跑到哪里去了呢？于是厨子便开始四处寻找，找遍了整个院子也没有找到，心情沮丧到了极点。

于是，他决定从明天开始，加倍努力工作，争取早一点赚取那 1 枚金币。晚上因为找那枚金币太过辛苦，第二天早上厨子便起来得有点晚，情绪也坏到了极点，就对妻子与孩子大吼大叫，不断地责骂他们没有及时将他叫醒，影响了早点赚回那枚金币的梦想。

从此之后，厨子每天都匆匆忙忙地来到御膳房，为了能多挣钱。他不像之前那么兴高采烈地哼小曲吹口哨了，平时只是埋头拼命地干活，一点儿也没有注意到国王正在悄悄地观察他。

国王看到原本快乐的厨子心情变得如此沮丧，十分不解，就问宰相："他已经得到那么多金币，应该比以前更快乐才对，可为何……?"

宰相对国王说："陛下，您现在看到的厨子就是 99 一族中的成员了。他们拥有很多，但是从来不懂得满足，他们只是拼命地工作，只为了得到额外的那个'1'，为了早日实现那个'100'。原本快乐、轻松的生活，只因为忽然出现了能够凑足 100 的可能性，就变得不快乐了。他们竭尽全力去追求那个没有任何意义的'1'，不惜付出失去快乐的代价，这便是 99 一族的人。"

厨子的经历告诉我们：知足者贫穷亦乐，不知足者富贵亦忧。其实，快乐与贫穷、富贵是无关的，关键取决于是否拥有一颗知足的心。

真正的快乐不是拥有得多，而是内心的欲求少。其实，我们只要今天还活着，还在顺畅地呼吸空气，就应该感到知足，感到幸运，因为这个世界上每周都有 100 万人失去生命；如果你从未经历过战争的危险、被囚禁的孤寂、受折磨的痛苦和忍饥挨饿的难受，那么，你已经比世界上 5 亿人幸福了；如果你有栖身之地，有食物，你已经比世界上 70% 的人更为富有；如果你能积极地去同一个人握手，或者只是在他的肩膀上拍一下……那么，你真的很幸福，因为你现在所做的，已经等同上帝才能做到的。

有首《知足常乐》的歌谣这样唱道："想想疾病苦，无病即是福；想想饥寒苦，温饱即是福；想想生活苦，达观即是福；想想乱世苦，平安即是福；想想牢狱苦，安分即是福；莫羡人家生活好，还有他家比我差；莫叹自己命运薄，还有他人比我厄……"这歌词表达了对无病、温饱、达观、平安、安分的认识，对现有收获倍加珍惜的心态，对目前成果尽情享受的胸怀。由此说来，知足，是人们认识社会，把握心态的一种智慧；常乐是认识事物以后如何处世的一种精神境界。

当然了，我们所说的"知足常乐"并非是让人不思进取，而是指在有限的资源与无穷的欲望间寻找一个平衡点，并努力将这种平衡状态维持下去的一种生活态度。用现代经济学解释，所谓"知足常乐"，就是尽量使自身的承受能力与需求保持相对平衡和稳定的一种生存状态，它是智慧的生活方式，是获得快乐和幸福的源泉。

随着生活节奏的加快，各种压力倍增，聪明的生活方式应该是，相对的知足，绝对的追求。知足常乐，其实就是要求人们对当下生命的一种肯定，去满足于当下的获得与快乐，心中只要拥有满足感，快乐和幸福自然就降临了。

5. 放下虚荣，善待自己

虚荣心很难说是一种恶行，然而一切恶行都围绕虚荣心而生，都不过是满足虚荣心的手段。

虚荣心是指，追求和爱慕表面上的光彩的思想、观念和意识。一个人如果不注重内在，而仅仅追求表面上的光彩，得到一时心理的满足，而使自己置于永久的疲惫之中。

其实，虚荣往往是内心脆弱的表现。它极容易让人迷失自我，是获得快乐和幸福生活的最大障碍。虚荣的人一直生活在别人的眼光中，以别人的评价标准决定自我的痛苦和快乐。拥有虚荣心的人，一般都喜欢攀比，自己的收入要比别人高，职位要比别人高，房子要比别人大，吃的要比别人好，穿的一定是顶级名牌……因为追求表面的奢华，就必须要付出比别人更多的努力，那么，烦恼和痛苦就增多，快乐和满足感自然就少了。

莫泊桑的《项链》中描写了这样一个故事。

玛蒂尔德是个美丽的女子，出身于贫寒人家。但因为长得迷人，深受男人的青睐。她曾经高傲地认为，只有王子、香水和昂贵的珠宝才能与她相匹配。然而，现实却捉弄了她，最终嫁给了一个收入不高的小职员。

可是，玛蒂尔德并不甘心，她对贵夫人的奢华生活很是向往，总是渴望自己能够穿一件漂亮的舞裙，再戴上一条美丽的钻石项链去参加上流阶层举办的舞会。她认为，只要拥有这些，就完全可以使上流社会的小姐和太太们黯然失色。

终于，她等到了一个绝佳的机会。有一次，她被邀请去参加公共教育部长和夫人们举行的盛大的晚宴。为了能使自己成为众人中的焦点，她买了件漂亮的晚礼服，化了精致的妆容，还特意从朋友莱斯蒂太太那里借来了一条钻石项链。一切准备就绪，只等着晚会的时候大放光彩。

果然，她成了晚会上最出众的女人。晚会后，她仍陶醉于被人仰望的快感之中，久久不能自拔。当她对着镜子卸妆的时候，赫然发现脖子上的钻石项链不见了，怎么找也找不到。

后来，她和她的丈夫开始省吃俭用，劳苦工作，用了整整10年的时间才挣够了赔偿这条钻石项链的钱，而那晚光彩照人的玛蒂尔德早已变得苍老憔悴。

然而，就在10年后的一天，玛蒂尔德碰见了女友，在谈话中她得知女友先前借给她的项链竟然是件赝品。

虚荣固然可以让人荣耀一时，但是，背后却要付出诸多的辛酸去买单。玛蒂尔德为了自己一时的虚荣却赔上了一辈子的幸福生活，是十分可悲的。

人生是短暂的，真正属于自己的快乐是稀有资源，不必为了迎合别人而置自己于劳累和疲惫之中。人的价值是依靠实力去支撑的，而非依靠靓丽的外在去体现的。人应该追求内心的真实美，不应图虚名而置自己于烦恼和痛苦中。所以，要获得快乐，就应该勇于舍弃虚荣，做真实的自己，为自己而实实在在活一次。

爱默生曾告诫我们，幻想成功、追求名誉无可厚非，但更重要的是脚踏实地的精神。他说："当一个人年轻时，谁没有空想过？谁没有幻想过？想入非非是青春的标志。但是，我的青年朋友们，请记住，人总归是要长大的。天地如此广阔，世界如此美好，你们需要的不仅仅是一对幻想的翅膀，更需要一双踏踏实实的脚！"

6. 别做欲望的傀儡，上演木偶人生

财富是一种寄存，钱再多，你也不能带到棺材里去；情爱是一种寄存，人之亡之，情之焉附？权位是一种寄存，无论你怎样叱咤风云，却不能逃出最终的交替；而唯独自己的内心，才是生命最原本的状态，它永远不会背叛我们。

《楞严经》里有一段名言说：一切众生，从无始劫来，迷己逐物，失于本心，为物所转。意思是说，芸芸众生，从无限长远的时间中来，迷失了本心本性，被外在的事物牵着鼻子走。一味地追求金钱、物质和名誉，以至于在滚滚红尘中，迷失了自己。用通俗的话说，在人生的舞台上，我们都痴迷于身外之物，像是被欲望控制的木偶，上演身不由己的剧作，以至于忽视了内心的快乐和幸福感。

有这样一个故事。

一次，一位智者在寂静的森林中散步，忽然听到远处有两个青年男女的欢笑声。

不多久，就见一个年轻的女孩，急匆匆地从面前经过，逃到另一个方向的森林中去了。

随即，男孩也急匆匆地追了过来，看见了智者，急切地问："刚才您是否看到一个女孩经过这里，她偷走了我的钱包。"

智者不动声色地反问："寻找逃跑的女孩和寻找本来的自己，哪一个更为重要呢？"

男孩很显然没有想过这个问题，一时间感到无所适从。

于是，智者便再一次追问说："寻找逃跑的女孩和寻找本来的自己，哪一个更为重要呢？"

青年在心中反复地回味着智者的话，终于发现"迷己逐物"的愚蠢。

其实，这个故事中的男青年，不是别人，正是指我们自己。这个故事

给了我们这样的启示：我们一生都在追逐功名利禄、酒色财气，却迷失了自家的宝藏，迷失了本心本性，忽视了内心的真实意图。无穷无尽地使欲望膨胀，最终成为物质的奴隶。

有一位农夫，想买一块地。

当地人说："只要交纳500元钱，然后给你一天时间，从太阳升起的时候算起，直到太阳落下地平线，你能用步子圈多大的地，那就是你的了。但是如果不能回到起点，你将无法得到一寸土地。"

这位农夫想："那我这一天辛苦下来，只要多走一些路，岂不是可以圈得很大的一块地，这样的生意实在是太划算了！"于是，他就与当地的人签订了合约。

太阳刚一露出地平线，他便迈着大步子向前奔跑，到了中午的时候，他回头看不见出发的地方才开始拐弯，他的步子一分钟也没停下来，一直向前走着。他心里想："忍受这一天，以后就可以享受这一天的辛苦带来的喜悦了。"

于是，他又向前走了极远的路，眼看着太阳就要下山了，他心里很是着急，因为如果他赶不回去的话，一寸土地也得不到了。于是，他走斜路向起点赶去。可是，太阳马上就要落山了。于是，他又加快了脚步，只差两步就到达起点了，但是他的力气已经耗尽，倒在了那里，倒下来的时候两只手刚好触到起点的那条线上。那片土地终于归他了，但是，那又有什么用呢？他已经奄奄一息了，到了生命的尽头，他静静地躺在那里。一个人真正需要多少土地呢？其实就这么大一方寸即可。

我们每个人的人生何尝不像陀螺般在欲望的驱使下不停地奔波、劳累，品尝到的唯有绝望和痛苦，最终到生命的尽头，也只是两手空空而已。所以，我们要勇于舍弃内心的欲望，别被它毁了你的一生。

有限的生命与人内心无限的欲望是一对矛盾体，所以，我们切不可用有限的生命去满足自身无限的欲望。同时，过度纵欲也会使我们有限的生命变得极为短暂。然而，这对矛盾体并非不可调和，生命的长短虽然不可控制，可我们却可以好好地控制自身的欲望。只要我们能够调整好心态，减少自身的欲望，舍弃内心的奢求，将更多的精力放在学习和工作之上，那么，我们便能够寻求到自身的快乐，让自己的人生更为精彩！

7. 舍弃贪念，得到快乐和幸福

　　人生幸福，只有舍弃不该拥有的，才能获得不该丢失的。"舍"其实是一种释放，是另一种更高层次的获得。放下心中无谓的杂念、私欲，你可以轻松地迈开步伐，取得属于自己的幸福和快乐。

　　舍得不仅是一种生存艺术，还是一种获得幸福和快乐的生活智慧。舍弃了对金钱的欲望，就等于舍弃了心灵的包袱，也就获得了幸福与快乐；舍弃了对名与利的贪欲，就等于舍弃了心灵的枷锁，也便获得了轻松与坦然；舍弃了不属于自己的东西，就等于舍弃了心灵的羁绊，也就获得了永恒的静谧与真正的快乐。所以，在生活中，我们要想获得心灵的平静与快乐，就应该勇于舍弃心中的欲望与贪念，这是人获得快乐和幸福的根本。

　　在远离城市喧嚣的僻静处有一条老街，街上有一家铁匠铺，里面住着一位老铁匠。因为现代已没有人再需要打制铁器，于是，他便改卖铁制的生活用品，比如铁锅、斧头等。

　　与别的商家不同的是，老铁匠还是沿用很原始的经营方式。他坐在铁门内，货物摆在门外，不吆喝，不还价，晚上也不收摊。老人过着与世无争的悠闲生活，他手里常常拿着一个半导体，身旁是一把紫砂壶。老人不在乎生意好坏，他老了，挣的钱够自己喝茶和吃饭就行了，他很满足。

　　有一天，一个经营古董的商人从这里经过，他不经意间看到老铁匠身边的紫砂壶，只见那把壶古朴雅致，紫黑如墨，颇有清代制壶名家戴振公的风格。戴振公在世界上有"捏泥成金"的美名，据说他的作品现在仅存三件：一件在美国纽约州立博物馆里，一件在台湾故宫博物院，还有一件在泰国某位华侨手里。于是，商人走过去，拿起那把壶仔细端详起来。在这把紫砂壶的壶嘴外果然有一记印章，还真是戴振公的！能在这个小巷子找到如此珍贵的古董，商人惊喜不已。

商人没有丝毫犹豫，他找到老铁匠，说愿意出十万元买下这把壶。老铁匠听到这个数字先是一惊，随后马上拒绝了，因为这把壶是他爷爷留下来的，他们祖孙三代打铁时都喝这把壶里的水。

壶虽然没有卖成，但商人走后，老铁匠有生以来第一次失眠了。他没有想到原本自己眼中的普通茶壶，竟然这么值钱，他的内心有些不平静了。商人的出价还是打破了老人平静的生活，原来他躺在椅子上喝水，都是闭着眼睛把壶放在小桌上，现在他总要坐起来再看一眼，这让他感觉心很累。尤其让他不能容忍的是，当周围的人知道他有一把价值不菲的茶壶后，门槛都快被踏破了，有的问还有没有其他的宝贝，有的甚至开始向他借钱。还有更过分的，大晚上来推他的门。就这样，一把壶将老人的生活彻底搅乱了。

过了一段时间，商人再次带着 20 万元现金登门，老铁匠再也坐不住了。这一次他下了决心，他招来左右店铺的人和前后邻居，拿起一把斧头，当众把那把紫砂壶砸了个粉碎。

在现实社会中，太多的物质、功利困扰着人们，使人们在生活中感觉很累，而更多的是心累。所以，果断放弃那些不属于自己的东西，不追求过多的物质的东西，抛弃那些浮华和虚荣，欣然面对清贫，欣然面对平凡的日子，心灵自然会放松，你就会享受到轻松生活的美妙和芬芳。

现实中，人们常常会因为不舍得放弃而失去更重要的东西。面对诸多不可为之事，勇于放弃，是明智的选择。面对一些该舍弃的东西时，只有毫不犹豫地放弃，才能重新轻松投入新生活，让自己的内心获得平静，让生活少些烦恼，获得最终的幸福和快乐。

著名作家史铁生曾用"命若游丝"来形容生命的脆弱与短暂，在脆弱与短暂的生命中，有太多的珍贵的东西需要我们去把握，但如果我们为了追求一些身外之物而失去了生命中更有价值的东西是得不偿失的。人的贪欲就像一团熊熊燃烧的烈火一样，柴放得越多，火就会烧得越旺，而火烧得越旺，你就时刻会有再添柴的冲动。面对尘世的诱惑，我们想拥有太多：想拥有成功的事业，又想得到更多的金钱，还想获得美满的家庭……你的欲望会随着一个愿望的实现而变得变本加厉，慢慢地，你的心灵会疲惫不堪，你的生活也会枯燥无味，最终你的整个生命也只能在痛苦的深渊中挣扎不止。所以，勇于舍弃是一个聪明的选择，也是人生的一种收获。放下了，就得到了，只有有所舍弃，才能获得更多超乎自己想象的更有价值的东西。

鱼和熊掌不能兼得，只要我们勇于放下欲望和贪念，就能得到更为别样的精彩的人生景致。

8. 抓得越紧，失去就越多

生活其实就是一种愿望，生活的本质就是你需要什么就没什么，如果你不认清楚这个本质，你将永无好日子过，烦恼就会像病菌一样永远缠着你。所以，对待生活我们不必太过期待，坚持不必太过执着；要学会随时放下，放下不切实际的期待，放下没有结果的执着。

在大西洋中，有一种鱼叫马嘉鱼，长得极为漂亮，银肤燕尾大眼睛。因为它平时都生活在深海之中，所以很不容易被人捉到。但是，这种鱼会在春夏之交溯流而上产卵，在这期间，它们会顺着海潮漂流到浅海。这个时候，它们就很容易被渔民捕捉到了。

其实，捕捉它们的方法极为简单：用一个孔目粗疏的竹帘，下端系上铁，放入水中，由两个小艇拖着拦截鱼群。

这种鱼的"个性"极为要强，脾气很大，不懂得转弯，即便是闯入罗网中也会不停地向前游。所以，一只只便会"前赴后继"地陷入竹帘孔中，帘孔随之也会紧缩。竹帘缩得愈紧，它们就愈激怒，会更加拼命地往前冲。结果却被牢牢地卡死，最终成群结队地被渔民所捕获。

我们会讥笑马嘉鱼的愚蠢，但是，我们人类何尝不是如此呢？为了满足无穷无尽的欲望，总是让自己超负荷地运转，我们总是紧紧抓住名与利，抓着一份痛苦的爱，抓着不切实际的空想……不肯轻易放下，自诩为"执着"，最终却在痛苦和烦恼中度过一生，枉费生命与精力，等到数年光阴逝去之后，才会哀伤地去嗟叹人生的无为与空虚。

人只有两只手，能抓多少东西呢？抓住一样东西，就意味着要放弃更多的东西。放弃和失去，始终是人生的大局。不要以为你紧紧抓着现在所有的一切，就是得到了什么，其实，你时时刻刻都在失去，失去时间，失去生命，失去快乐，失去更多的机会。你的贪心越重，想抓的越多，就失去的越多。

一位贫穷者，很想拥有更多的财富。一次，他听说在沙漠中可以挖到金子，于是，他就带着食物与水出发了。

几天过去了，金子没找到，身上的食物与水却已经没有了。两天过去了，他已经没沾过一滴水，吃过一口食物了。浑身无力的他只有静静地躺在那里等待着死亡的来临。

然而，就在他临死前的一刻，他向上帝做了最终的祈祷："上帝啊，请帮帮我这个可怜的人吧！如果我能获得食物和水，我宁愿舍弃去寻找金子的决定。"

刚说完，上帝就真的出现了，满足了他的请求。他吃饱喝足之后，就想着自己经受了这么多的磨难，怎么能轻易放弃寻金的愿望呢。于是，他又贪心地向沙漠的深处走去。幸运的是，几天后，他就寻到了金灿灿的金子，那个人兴奋十足，贪婪地将金子装满了自己身上所有的口袋。

但是，他已经没有足够的食物与水来支撑他走完回家的路了。为了获得这些金子，他仍旧背着重重的金子往前赶路，随着体力的不断下降，他不得不扔掉一些金子，边走边扔，以至将身上所有的金子扔完了，还没能找到食物和水。最终，他又奄奄一息地躺在地上，在临死之前，他又开始向上帝祈祷："请赐予我更多的水和食物吧！"

最终上帝对他说："我再赐予你更多的水和食物，你是否要再返回去把扔掉的金子捡回来呢？"

……

故事中的人，死到临头，都没能摆脱贪欲的缠绕，想将金子牢牢地抓在手中，最终却失去了生命，实在是可悲。

生活中，多数人时常会这样自勉："我一定要拥有一辆高级轿车"，"我一定要拥有一套豪宅"，"我一定要成为某个领域的专家"，"我一定要在事业上取得惊人的成就"……但是很多时候，这些不切实际的理想与追求只会成为我们生命的一种负担，会羁绊我们实现那些切合实际的理想，以致最终一无所成。

要知道，人生苦短，韶华易逝。执着于一个目标、一个信念那是一种大勇，但是如果希望与现实不符，或者客观条件不允许，与其蹉跎岁月，徒劳无功，还不如干脆放下。放下那些宏大的、不切实际的美丽梦想，选择那些伸手可及的目标，也许你的人生局面会在瞬间柳暗花明，会体味到实实在在的幸福和快乐。

9. 时时修剪心中的"欲望"

欲望，让我们想拥有无尽的金钱，想握住无尽的幸福，想获得最奢华的享受。然而，正是因为欲望，也让我们因劳碌而忽视本该珍惜的健康，让我们舍弃本就紧抓在手中的幸福，丢掉能带给我们最奢华享受的清净心。欲望，它无所不能，最终却让人一无所有。欲望一旦附身，便会左右你的语言，遥控你的行动，让你在痛不欲生中了却余生。

卢梭说："10岁被糖果所俘虏，20岁被恋人所俘虏，30岁被快乐所俘虏，40岁被野心所俘虏，50岁被贪婪所俘虏。人到什么时候才能追求睿智呢？"由此可见，人终其一生都得不到安乐和清净，皆因物欲太盛所致。

世上本无事，庸人自扰之。一个理智的人一定会十分清楚，当你在欲望的樊牢中疲于奔命时，到头来，蓦然回首，才发现许多东西是自寻烦恼而已，此时你才明白，自己穷其一生绞尽脑汁所要满足的欲望，要达到的目的，只不过是人生之旅中一闪即逝的风景罢了。为此，人要在生活中体味出生命的真滋味，就要不断地修剪内心的欲望。

曼谷西郊的偏远处有一座寺院，香火一直不旺。后来，来了一位新方丈。

这位方丈很奇怪，刚到寺院中就开始不停地修剪寺院周围那些杂乱无章、恣意生长的灌木丛。寺院中其他的弟子对此都感到不解。

这一天，有一位富翁经过此寺院，方丈接待了他。喝完茶之后，方丈就陪富翁四处转悠。行走期间，富翁就问方丈道："人如何才能清除掉内心的欲望呢？"

方丈微微一笑，递给他一把剪刀，说道："只要反复修剪这棵树，你的欲望就会消除。"富翁就照着做了，一炷香的时间过去之后，富翁发现自己的身体舒服和轻松了许多。

然而，平日堵在他心头的那些欲望好像也并没有放下。

方丈就告诉他道："经常修剪就好了！"

从此之后，富翁每隔一段时间就会到寺院中来修剪灌木，一直把灌木修剪成了一只大鸟的形状。

后来，方丈就问他道："你是否已经懂得了如何修剪心中的欲望？"

富翁诚实地回答道："虽然每次修剪的时候都能气定神闲，了无挂碍。但是回到自己的生活中，心中的欲望就又开始疯狂地涨起来，让自己几乎失控。"

方丈就感叹道："施主，其实我建议您到寺院来修剪灌木只是希望您每次修剪前，都能发现原来剪去的部分都会重新长出来。这就如我们的欲望一样，不可能完全地消除，我们能做的，就是尽力去把它修剪得更为美观一些。放任欲望，你的心灵就会像这满坡疯长的灌木一般丑陋不堪。只有经常修剪，才能使它们成为一道悦目的风景。对于名利，只要取之有道，用之有度，利己惠人，就不会成为心灵的枷锁。"

富翁顿时大悟。

从此之后，越来越多的香客都来这里修剪"欲望"，寺院周围的灌木丛也越来越壮观美丽了。

欲望如树，生生不息，永无止境，令人疯狂不止。过多的欲望只会束缚你的心灵，成为心灵的负累。如果再任其如野草般疯长的话，必定会将原本清净与安宁的空间全部挤占，让自己变成纯粹的欲望动物，陷入越来越多的烦恼与不安之中。

压力太大，会将我们压垮。欲望太多的话，也会将我们压垮。欲望出自于人的本能，太过压抑并非是什么好事。如果过多的欲望扰乱了我们的心神，让我们不得安宁，那么就是应该修剪的时候了。

剪去狂躁，才能够冷静处世；剪去虚浮，才能够脚踏实地；剪去过多的贪欲，才能够保持清醒；剪去猥琐，才能不令人厌恶……剪去这些杂乱的枝干，才能拥有一颗宁静的心、一颗奋斗的心和一颗愉悦的心。

10. 别透支你的"生命银行"

人就这么一生，开心也是一天，不开心也是一天，何必逼着自己不开心呢？人就这么一辈子，做错事不可能重来的一辈子，过了今天就不会再有另一个今天的一辈子，一分一秒都不会再回头的一辈子，为何不好好珍惜眼前，而是自怨自艾地痛苦追悔呢？

四个 20 岁的青年到银行去贷款，银行答应借给他们每个人一笔巨款，条件是他们必须要在 50 年内还清本利。

第一个青年，用人生的 25 年时间去尽情地玩耍，用生命后 25 年时间努力工作去偿还债务，结果活到 70 岁时，仍旧一事无成，死后仍旧负债累累。他的名字叫作"懒惰"。

第二个青年用 25 年去拼命工作，50 岁的时候，便还清了银行所有的贷款，但是那一天他却累倒了。不久，他死去了，他的骨灰盒上挂着一个小牌子，上面写着他的名字——"狂热"。

第三个青年在 70 岁的时候，还清了所有的债务，然后没过几天就去世了，他的死亡通知书上写着他的名字——"执着"。

第四个青年工作了 40 年时间，在他 60 岁的时候，便还清了所有的债务，在生命的最后 10 年，他成了一个旅行家，地球上的多数国家都去过了。在他 70 岁离世的时候，仍旧面带微笑，人们至今都记得他的名字——"从容"。

当年贷款给他们的那家银行叫"生命银行"。

这个故事告诉我们这样一个道理，生命的过程，是一个漫长而又艰难的历程。要走完它，必须要摒弃"懒惰"与不切实际的"狂热"，同时，还要"从容"地面对一切，合理地安排自己的历程，并且"执着"地走下去，直到生命的终结。

其实，每个人都有一个"生命银行"，它的存款叫"时间"。存款的数额是有限的，如果你在年轻的时候就不懂得珍惜，任意挥霍，最终你收获的只有"透支危机感"，会将你的一生摧毁。而如果你利用短短的时间去狂热或执着地追求身外之物，那么，最终你收获的也仅仅是无意义的苍白的一生。而唯有懂得珍惜时间，又积极进取，同时又能好好利用时间去享受生命，才是从容的一生。

哲学家说："眼睛不要睁得太大，且问，百年以后，哪一样是你的?"是的，我们每个人都在透支自己的"生命银行"，苦苦地追寻自己想要的东西，到最终又有哪一样才是属于你自己的呢? 唯有心灵的轻松与快乐才是生命的真谛，才能让我们的生命更有意义。也就是说，心灵是称量我们生命的天平。用有限的生命去追求无限的欲望，肆意去透支"生命银行"，实在是得不偿失的事情。

利奥·罗斯顿是最肥胖的好莱坞明星，他的腰围有六英尺多，体重达到了 385 磅。1936 年，在一次演出时，他因为心力衰竭，被送往汤普森急救中心。抢救人员用了最好的药物，而且还动用了最好的医疗设备，最终，仍旧没能够挽回他的生命。

在临终之前，罗斯顿曾经这样说道："不管你的身躯多么庞大，你的生命需要的也仅仅是一颗心脏。"

罗斯顿的这句话，感动了当时所有的人，尤其是当时的医院院长——哈登。他作为胸外科的专家，流下了伤心的眼泪。为了表达对罗斯顿的敬意，同时也为了提醒体重超常的人，他就将罗斯顿的这句话刻在了医院的大楼上面。

1983年，另一位名人，美国著名的石油大亨默尔因为心力衰竭住了进来。因为两伊战争，使他的公司陷入了危机之中。为了尽快地摆脱困境，他不得不忙碌地来往于欧、亚、美之间，最后因为旧病复发，才住进了医院。

他将汤普森医院的一层楼包了，为了不影响工作，他还架设了五部电话与两部传真机。当时的《泰晤士报》上这样写道：汤普森——美国的石油中心。

默尔的心脏手术很成功，他在这儿待了一个月便出院了。在医院疗养期间，他真切地体会到自己真正需要的是什么，他觉得自己的一生确实太过忙碌和劳累，已经失去了本有的色彩。出院后，他没有回美国，而是托人卖掉了自己悉心经营的公司，并且在苏格兰乡下的一栋别墅中开始安享晚年。在1998年，汤普森医院百年庆典，邀请他参加。记者问默尔为何卖掉自己的公司？他指了指医院大楼上的那一行金字说道："正如利奥·罗斯顿的话一样，其实，富裕和肥胖没什么两样，都不过是获得了超过自己所需要的东西罢了。"

人赤条条地来到世间，最后又两手空空地离去。在岁月的长河里，谁都是来去匆匆的过客，谁都不可能永久地拥有什么，我们不断地追求成功可以让生命更有力度和内涵，你过多的追求，只是在增加生命的负担罢了。

在默尔的传记里有这样一句话：巨富和肥胖并没有什么两样，都是获得超过自己需要的东西罢了。多余的脂肪会压迫人的心脏，多余的金钱会拖累人的心灵，多余的追逐、多余的幻想只会增加一个人生命的负担。人们要想活得健康和自在一点，就必须舍弃这些"多余"。生活是一种不断舍弃的艺术，有舍弃才会有获得。善于舍弃生命中的"杂念"和多余，换来的是心智的清醒、心灵的净化、健康的体魄。舍弃生命多余的负累会让人变得聪明睿智。舍弃本身就是一种美，人只有勇于舍弃生命的负累，才能活得潇洒，活得轻松。

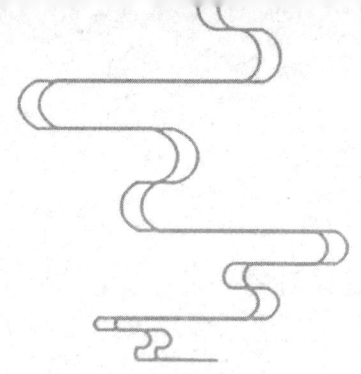

第六章

纵横职场，在舍与得中寻平衡

纵横职场，也需要领悟舍得之道：一份工作，什么时候该接受，什么时候该放弃，什么样的行业、职位、企业适合你，都需要你做出明智的选择。

职场中的舍得，是低调，是谦让，是沉稳，是历练，是酝酿，是虚怀若谷，是举重若轻，是大智若愚，是以退为进，是待机而动。身在职场，唯有以舍得和智慧做引导，才能应对自如、得心应手、游刃有余，才更容易受到上司的青睐，同事的欢迎，做出不凡的业绩。

1. 适合自己的才是最好的

人生之中，最好的不一定是最合适的，最合适的才是最好的；生命之中，最美丽的不一定适合我们，适合我们的一定是最美丽的。

鱼在水中游，鸟在空中飞，大自然的每种事物都有适合它的位置，每种事物也唯有在适合自己的位置上，才能获得快乐，才能展现出生命的意义和多姿多彩。同样，每个人都有不同的个性，都有自己的成长轨迹和发展理想，所以，在职场的成长道路上，唯有舍弃各种诱惑，选择适合自己的，才是最好的，才能获得最终的快乐和对人生的追求。

初入职场的你，要想迈出人生的第一步，就要深刻地认清楚自己，深刻地剖析自身的性格特点，然后，经过正确的取舍，选择适合自己的行业、职业，这样才更容易成长和发展，否则，你会在你的人生生涯中步履维艰。

高明生性内向、腼腆，毕业后因为看到周围的很多同学都去做销售工作，并且取得了不错的成绩，所以，他也开始做起了销售。因为他不善于与人沟通，又没有团队合作意识，两个月也没能拿下一个订单，为此他痛苦至极，就辞了职。

离开公司后，又开始着手找第二份工作，然而，他是个不轻易服输的人，为了挑战自己的个人能力与性格，他决定到一家大型化妆品公司从事产品代理工作。

一位朋友知道他的职业意向之后，就劝他放弃这样的努力，但是没能成功。在工作后期，他每天出门之前，内心都会有剧烈地挣扎，他内心根本不愿意出门去面对那些客户，他觉得在公众场合与人交流是一件痛苦的事情。经过一番思想斗争之后，他决定放弃了。

有一天，他问朋友："当初你怎么知道我最终会放弃这样的工作？"

朋友说道："你的性格比较内向，根本不适合这类工作。"

遇事不可强求，适合自己的才是最好的。选择与自身性格不相匹配的职位，不仅不容易做出成绩，还会给你带来更多的焦急、痛苦和紧张。其实，一个人的性格好比就是脚，职业就是鞋。合脚的鞋子能够使你走起路来轻松自如，健步如飞；而不合脚的鞋子再漂亮也会夹脚。更为可怕的是，它不仅会使你走起路来很别扭、难受，甚至还会磨破你的脚。穿着不合脚的鞋子，你可能就会与成功失之交臂，就可能在人生的跑道上与冠军擦肩而过。

适合自己，就是要看清楚自己，知道自己想要什么，自己想做什么，知道怎么做才能让自己感到快乐和美好，也明白自己几斤几两，懂得"没有金刚钻就别揽瓷器活"的道理。

适合自己，是一种合理的安排，是避开失败和弯路的一种明智选择，是结合自身条件的客观选择。如果找准了适合自身的位置，找到适合自身发展的道路，选择最适合自己的工作或岗位，那么，你一定能够运用你自身的性格优势，取得成就。

李翔是一家公司市场部的销售员，他性格随和，善于交际，工作努力。在这样的岗位上，李翔可谓如鱼得水，两个月后，因为表现良好，就被提拔为公司的销售主管。他的工作重点从原来的与客户交流、沟通，变为区域性的调查数据分析、市场调查和广告策划等工作。同事和朋友都极为羡慕李翔的新职位，起码他再也不用每天辛苦地外出拜访客户了，更不用每天痛苦地应付各种酒局、饭局了。而李翔自己却痛苦十分，他觉得自己的工作太枯燥，他宁愿每天冒着烈日去拜访客户，宁愿每天出去应酬。

如果你是上述事例中的李翔，当你的性格与职业相冲突时，是选择改变性格还是改变职业呢？生活中，很多人都会从自身利益出发，选择去改变自己的性格，做出"削足适履"的蠢事。

一个人的职位与他自身的性格相符合，再过枯燥、痛苦的工作也会变得丰富多彩，趣味无穷，也能最大限度地激发他的工作激情与工作潜能。反之，一个人的性格与职业不相符，那么，这个人只会每天被动接受，疲于应付。可以说，一个人所从事的工作是否与其性格相符合，直接关系到人生事业的成败。

"江山易改，本性难移。"一个人的性格是极难改变的，而换个职业却是极容易的，既然行行都能出状元，何必要花费极大的代价去做"本末倒置"的傻事呢？适合自己的就是最好的，这是生活中极为简单的道理，可有人却要花上几年甚至几十年的代价才能领悟。

一种性格决定一种人生出路，你的性格也决定了你该从事哪类行业。从现在开始，认清自己并给自己一个正确的行业、职位选择，它是你向成功迈出的第一个步伐。

2. 先付出，才可能有回报

> 世界是阴与阳的构成，人在世上活着也就是一舍一得的过程。舍舍得得，得得舍舍就充满在我们琐碎的日常生活中，演绎着成功和失败的故事，舍得实在是一种哲学，也是一种艺术。

职场的学问，不是先要学会如何去"得"，而是先要弄明白如何去"舍"，学会了舍才算得上是懂得了"得"，那么，在职场道路上，你将会获得更多。

某一世界500强企业正在招聘电脑游戏开发技术员，这家公司不仅工作环境好，录用后薪水丰厚，而且很有发展潜力，近些年推出的新产品在市场上极为畅销。

刘锋得知这一招聘信息后，自然很想得到这份工作。但是在校培训已近尾声了，这要真的被聘用了，一年的培训就算夭折了，连结业证书都拿不到。刘锋犹豫了。父亲笑了，说要与刘锋做个游戏，他指着刚买回家的两袋大米，每袋足足有50公斤。父亲让刘锋先抱起一袋，然后再抱起另一袋。刘锋瞪圆了眼睛，一筹莫展。抱一袋已经够沉的，两袋肯定是没法抱住的。

"那你怎么抱住第二袋呢？"父亲追问。儿子顿时愣住了，还是想不出招来。父亲叹了口气："唉，你不能把手上的那袋放下来吗？"刘锋才缓过神来，是啊，放下一袋，不就能抱上另一袋了吗？刘锋这么做了。父亲于是提醒：这两袋总得放弃一袋，才能获得另一袋，就看你怎么选择了。刘锋顿悟，最终选择了应聘，放弃了培训。后来，如愿以偿，成了那家500强企业的职员。

凡事有舍才有得。舍在前，得在后，也就是说，"舍"与"得"虽是反意，却是一物的两面。舍得是对等的，你先舍，然后再得，这便是"舍得"的真意。

其实，人生最为关键的便是如何看待舍得。舍弃昨天，方能拥有今天；舍弃对物欲的斤斤计较，才会从容淡定，心情舒畅；舍弃贪婪，高枕无忧；舍弃名利，乐得清闲。人生无不是在一个又一个的"舍"，然后又在一个又一个的"得"中度过的。面临人生的各种抉择，如何取舍，往往扰人心扉。可我们又不得不对其做出取舍，因为这些抉择往往决定着我们今后的人生旅途。因此，当我们徘徊在这样进退维谷的两难境地时，正确的取舍就显得尤其重要了。

张俊是一家公司的"元老"级人物，因为业务水平过硬深得领导的赏识。人们都称他为公司的一大财富。

但是眼看着与他同时进公司的同事们都升职了，只有他还在原地踏步。张俊心里很不平衡，人也变得懒散多了。这一段时间公司又要提拔干部，但是名单中还是没有他。一气之下，张俊索性请了假，散心去了。

半个月后张俊回到公司，同事告诉他说，在他休假的这段时间里，公司出现了大乱子。一个员工因为不懂得与客户交流，把一位重要的客户惹恼了，现在对方不与公司续约了。张俊听了，心中暗自高兴，心想：还不提拔我，万一我走了看你们怎么办！

副总便找到张俊，问他是否有补救的办法。张俊明知自己与那个客户是至交，可以补救，但是他却摇了摇头。副总一下子很是恼火，说："你平时怎么带他们的？"张俊反问道："那么，这几年里你们到底给了我什么？"并提出了辞职。

副总沉默了片刻，从抽屉里拿出一把锤子和一枚钉子，说道："你把这枚钉子敲进那个松了的桌角里面。"张俊好像泄愤一般，砰砰两下就将钉子砸进了桌角中。副总又说道："你再把钉子给我拔出来。"张俊试了好几次，但是钉子却牢牢地嵌在木头中，纹丝不动。

"你就像这枚钉子一般，牢牢地占据了一个极为关键的位置。"副总说道，"在没有找到合适的替代物之前，你会不会将它拔出来？一定不会。反之，我希望它越牢靠越好。"

张俊还是不明白副总的意思。副总接着说："之所以批你的假，就是想看看少了你这枚钉子行不行。但是事实证明，不行。如果你不赶快在自己的位置上砸下另一枚钉子，我们就不会冒着风险把你拔出来，你也就永远得不到提升的机会。"

张俊顿时茅塞顿开，他因为怕别人学去他的技术，所以不认真带下属，虽然保住了自己的饭碗，但也因此失去了被提升的机会。

职场中，像张俊这样的员工有很多，总是想着如何"得"，而不懂得先学会"舍"，总是想着如何升职，想着如何提升薪水，从来不想着如何提升自我，如何努力付出，如何努力做出成绩，最终只能一无所获。

当然，职场中，多数人也是懂得"舍得"的大智慧的，可是做起来就难了，因为"舍"不得不菲的成本与"得"的不确定性，很多人最终还是选择了索取而非给予、悭吝而非大气、保守而非涉险。

所以，要想在职场中一帆风顺，就要践行"舍得"的智慧：舍得以"空杯"心态融入新环境，舍得时时向人展现真诚的笑脸，舍得为达成一致目标而努力工作，舍得无所保留地付出，舍得为顾全大局而牺牲小我，舍得经受住各种诱惑……这样才能不断攀新高，迅速取得惊人的成就。

3. 归零心态，每天淘汰自己

别人进步的同时你没有进步，就是退步。永不落伍的秘密，就是每天淘汰自己：你不与别人竞争，不意味着别人不与你竞争；你不淘汰别人，就会被别人淘汰。你没有培养任何适应竞争、抗击风险的能力，当下一次危机来临时，你会不堪一击。

那一年，刘青刚从学校毕业就到了一家私营公司做总经理秘书。作为一名名牌大学的研究生，去私企做秘书，是有点屈才。然而，刘青却不这么想，他告诉自己："之前的一切辉煌都翻过去了，摆在自己面前的又是一张崭新的白纸。"

秘书工作很是烦琐，但是很多零碎的不起眼的工作，刘青都极力做到最好。比如文件的摆放，一般的秘书都会依时间顺序将文件放在老板的桌子上面，他则会依照老板办事的急缓程度去排序，这大大提升了老板的工作效率。另外，在端茶倒水这类小事上面，刘青也揣摩出许多门道。比如，老板讲话讲得多，倒水就会勤快一些；什么时候只倒水不放茶叶，招待什么样的客户要放什么样的茶叶……刘青都做得恰到好处，让老板很是满意。

对于这个埋头苦干的年轻人，老板看在眼里。半年过去了，老板便提升他为公司的部门小组主管。

当上小组主管后，刘青总是不断地问自己："你真的有这个能力吗，比如管理？"为了提高自己的管理能力，他报了一个管理培训班，提升自身的管理水平。同时，为了提升工作能力，他放下身段与下属员工交流，并主动向他们学习，为此，他在部门内部获得了良好的人缘。在他的不断努力下，他所带领的部门出色并提前完成了公司第一季度的任务。

很快，刘青的能力深得老板的赏识，从部门小组主管，到部门主管，又到副总经理，他用四年时间，就火箭般地完成了"从士兵到将军"的职务升迁，这与他在职场中的"归零心态"不无关系。

所谓的"归零心态"，对于职场中人来说，即面对新的环境或者岗位，都要进行"清零处理"。就是说，无论你从前在多么牛的企业、取得了多么大的成绩，也无论是从什么名牌学校毕业，取得过什么样的荣誉，过去经历了什么样的挫折或磨难，来到新的岗位之后，都要从零开始，不能沉浸于过去。

归零心态是对"过去"的一种舍弃，也是对自我的一种否定，舍弃之后，重新开始，才能获得更多。当然了，否定自我是需要很大勇气的，但是只有如此才能找到自身的差距与不足，找到自己应该努力的方向。在职场中，一个人应该舍弃的东西有很多，比如懒惰、得过且过地混日子等等，这些思想是最应该舍弃的。

任何人的人生都是一场盛宴，绝对不只是一道好菜。职场中人，任何时候都不要为了一点小小的成绩而得意忘形，或者是甘于认命。尤其是当我们还是青年的时候，更要学会空杯心态，既不能因为一时的失败或者挫折而一蹶不振，更不能因为取得一点成绩而得意忘形，我们一定要时刻"归零"，每天淘汰自己，勇于舍弃，这样才能在职场中取得更好的业绩，人生才能够达到一个全新的高度。

一个刚刚走出校门的大学生，因为心高气傲，又不脚踏实地，所以，经常受到上司的批评。为此，他每天都垂头丧气，郁闷至极。后来，他找到一位智者，希望智者能够告诉他成功的秘诀。

大学生将自己当下不如意的状况都说了出来，说自己以前的人生是如何的辉煌，但是工作之后却很不顺心。听了大学生的话，智者没说什么，只是微笑着随手拿起一个装满茶水的杯子，放在大学生的面前。然后，自己又从旁边提来一壶茶，慢慢地往玻璃杯中倒。就这样一直倒着，直到溢出的水沿着杯壁流到了地上。但智者好像还没有要停止的意思，直到大学生使劲地喊出来："您别倒了，再倒就浪费了！"

终于，智者将茶壶不紧不慢地收回，说道："你的话正是我想说的，这杯茶和我想教给你的东西是一样的——都是浪费。你已经像这个杯子一样装满了忧愁和烦恼，已经容不下其他东西了。你还是先把你内心的一些消极的思想舍弃后，再来找我装其他的东西吧！"

听罢，年轻人终于明白了智者的真实意思。从此他不再怨天尤人，调整了心态，找到了工作的真正意义，与自己的兴趣融合起来。不久，他就升了职。

拥有"归零"心态，就是将"过往"清空，将自己以往所重视、在乎的东西以及曾经的辉煌从心态上彻底地清空了，才能够拥有更大的成功。这是每一个职场人士必须要拥有的心态。

在任何时候，我们都不要把过去当一回事，永远从现在开始，进行全面超越！当"归零"成为一种常态，成为一种习惯，成为一种延续，一种时刻要做的事情时，也就完成了职业生涯的全面的超越。"空杯心态"并不是一味地否定过去，而是要怀着否定或者说放空过去的一种态度，去融入新的环境，对待新的工作、新的事物。

4. 工作中要及时倒掉鞋里的"沙粒"

很多时候，阻碍我们成功的，不是前面无法翻越的大山，而是留在鞋里许久的沙粒，这个被我们忽视的角落往往会让我们心力交瘁，错误连连。要登上人生的高峰，要想健步如飞，就要学会及时清除鞋中的沙粒。

在职场中，许多年轻人在前进的过程中，难免因为工作、人际和自我方面的问题而徘徊不前，犹豫不决，消极沮丧。它们就好比鞋中的沙子一般，会不断地消磨我们的意志，妨碍我们前进的速度，甚至还会阻碍我们登上人生的高峰。为此，在前进的过程中，我们一定要及时地清除它们，轻装上阵，才能抓取机会，登上高峰。

一个年轻人，刚刚参加工作没多久，便觉得工作太过枯燥、无聊，同时，也经常与同事发生冲突，这让他很是烦闷，对未来也产生了怀疑，为自己何去何从而感到彷徨。

于是，他就去向一位智者倾诉他的烦恼：几乎每天都要被上司责难，是不是要考虑跳槽的事情了；总是与同事合不来，担心无法圆满地完成工作，晋升无望……

智者听罢微微一笑，就让他将所有的烦恼都写在了纸上，并让年轻人判断自己的担心是否是真实的，并将结果写在旁边。

等年轻人列出来，智者对每一个问题进行实际的分析之后，年轻人竟然发现那些困扰自己的难题都不是真实的，看着眼前的那张困扰自己的记录，不禁说道："真是无病呻吟！"智者注视着眼前的一切，微微地对他点头，接着说："你看到过大海中的章鱼吗？"年轻人茫然地点了点头。

"有一只章鱼，在大海中本来可以自由自在地游动，寻找食物，欣赏海底世界的美丽景致，可以享受到生命丰富的情趣。但是，它却给自己找了一个珊瑚礁，牢牢地系在上面，然后将自己困在绝境之中，你觉得你是否像那只章鱼呢？"

年轻人说："真的很像！"

于是，智者就提醒他说："当你陷入烦恼的习惯性反应时，就要记住你就是那只章鱼，要松开你的八只手，才能让自己自由地游动。系住章鱼的是自己的手臂，而非海中那些珊瑚礁的枝丫。"

在现实生活中，很多人都如故事中的年轻人一样，在前进的道路上无端地让自己内心生出许多烦恼，然后将自己困在绝境之中，动弹不得。其实，就如那位智者所说，许多烦恼都是自己造成的，只要你松开手，勇于舍弃，不庸人自扰，便能潇洒自如，轻松应对工作。

刘珊今年 34 岁，在一家大型国企上班，工作能力强，但经常因为无法忍受同事的坏习惯而处于紧张的人际关系中。

在工作中，她总是看谁都不顺眼，见谁都不想搭理，总是觉得同事做事太幼稚，太庸俗，似乎每个人的身上都有一大堆她不能容忍的毛病。别人穿的衣服她看不顺眼，总能给人家挑出来一大堆的毛病；同事吃饭的时候她嫌人家咀嚼声太大；同事说话声音稍大一些，她就说人家没教养；等等。总之，刘珊觉得与这些同事在一起工作简直就是一种煎熬。她从不怀疑自己的工作能力，但对于自己是否要继续待下去，却拿不定主意。

离开这里吧，这里的待遇这么好，工作环境也相当不错，有些舍不得。不离开这里吧，又十分烦恼。后来她找朋友诉苦，让朋友帮她拿主意。朋友建议她调整一下自己的心态，主动去与同事打成一片，平时见面也要多问候，有快乐的事情要与大家一起分享……只要自己改变看法，改变心态，一切都会跟着改变的。结果，还没有等朋友把话说完，她就打断说："若是那样，我就不是我了！绝对不行，我不会改变自己去迎合他们的！"

不久，刘珊就辞去了工作，离开了令人羡慕的单位，很久没能再找到适合她自己的工作。此后，她便后悔不已，不该因为自身原因而辞去适合自己的工作。

工作中，我们经常也会像刘珊这样，为无关紧要的琐事而烦闷和苦恼，最终因为不懂得调整自己的状态而因小失大，实在是得不偿失的事情。

其实，面对像刘珊这样的苦恼，应该及时去认真地审视自己，学着改变自己，及时倒掉鞋里的"沙子"才能让自己从容面对工作。要知道，不懂得清理掉心中的"沙子"，跳槽到哪里都会遇到这样的问题，也就是说，如果不去改变心态，只通过换工作是不能从根本上解决问题的。

要知道，职场环境固然能够影响我们，周围的人也会给我们造成压力，然而人生路上最大的绊脚石往往是你自己。发现自身、超越自我，清除心中的"沙子"是赢得和谐人生的必修课，也是在职场中超越自我，登上人生高峰的必要条件。

5. 应付工作，其实应付的是自己

宇宙中有一种伟大的定律，叫作付出定律。它告诉我们，只要你有付出，就一定有所获得。获得不够，表示付出不够，想要得到更多，就必须付出得更多。

有一位老木匠，向老板递交了辞呈，准备离开建筑业，回家与妻子和孩子享受天伦之乐。老板看到老木匠为自己奉献多年，很舍不得他离开，问他是否愿意帮忙建最后一座房子。老木匠欣然允诺。但是，显而易见，他的心已经不在工作上，他用的是废料，做的是粗活。

等到房子竣工的时候，老板亲手把大门的钥匙递给老木匠。"这是你的房子，"他说，"我送给你的礼物。"

老木匠震惊得目瞪口呆，羞愧得无地自容。如果他早知道是在给自己建房子，他怎么会漫不经心、敷衍了事呢？现在他只好住在一幢粗制滥造的房子里。

其实，我们何尝不是如此呢？我们经常漫不经心地"建造"自己的生活，不是积极行动，而是消极应付。等我们惊觉自己的处境时，早已经深困在自己建造的"房子"里了。把自己当成那个老木匠吧，想想自己的房子，每天敲进去一颗钉子，加上一块板，或者竖起一面墙，用自己的智慧好好建造吧！你的生活是你一生唯一的创造，只有一次机会，不能抹平重建，即使仅有一天可活，也要活得充实、踏实，墙上的铭牌上写着："生活是自己创造的。"

无论学习，还是工作，都要舍掉懒惰的坏毛病，都要舍去应付的心理，因为经常懒惰就会变成习惯，时时应付其实应付的是自己。在职场中，你如果以应付的心理去面对你的工作，终会断送你的前途和梦想。

在职场中，一位有前途的员工，仅仅是全心全意、尽职尽责地完成公司的工作是不够的，你还要时刻提醒自己，我可不可以为公司、客户多付出点呢？其实，每天你多付出一点，并不会把你累垮。相反，这种积极主动的工作态度将会使你养成良好的工作习惯，获得更多的机遇。

杰端和雷丝同是一家菜店的伙计，原本他们拿着同样的薪水。但是一段时间之后，杰端青云直上，又是升职又是加薪，而雷丝却仍在原地踏步，甚至面临被裁的危险。雷丝觉得自己每天都将工作做得很好，很不满意老板如此对待自己，便到老板那儿发牢骚了。

老板耐心地听完雷丝的抱怨，沉默了一会儿，说道："你现在到集市上去一下，看看有什么卖的？"

一会儿工夫，雷丝便从集市上回来了，他汇报道："集市上只有一个老头拉着一车白菜在卖。"

"有多少斤白菜？"老板问道。

见雷丝摇摇头，老板又问："价格呢？"

"您只是让我去看看有卖什么的，又没有叫我打听别的。"雷丝委屈地申明。

"好吧，"老板接着说，"现在你到里屋去，别出声，看看杰端怎么说。"于是老板把杰端叫来，吩咐他去集市上看看有卖什么的。

很快，杰端就从集市上回来了，他一口气向老板汇报说："今天集市上只有一个老头在卖白菜，目前共200斤，价格是六毛一斤。我看了一下，这些白菜质量不错，价格也低，我估计您会喜欢，所以我把那人带来了，他现在正在外面等您呢。"

此时，老板叫出雷丝，语重心长地说："现在你知道为什么杰端的薪水比你高了吧？"雷丝无语。

多付出一点点，虽然要求你应不计报酬，不怕牺牲，但是，这种"多付出"的代价绝对不会白白地流失，它最终必会结出丰硕的果实，并给你加倍的回报。

在职场中，工作每天都在给你选择的机会，每天都在给你改变自己人生的机会，你可以选择无所事事，疲于应付，也可以选择专心致志，迎难而上。当然，这些选择的结果不能够立竿见影，是需要长时间积累的。就像农民可以选择经常去浇地，也可以选择放置不管，诚然，他今天浇水禾苗不见得今天马上就能长出来，但是常常浇水，大部分禾苗终究是会长出来的，而如果他不浇，收成一定会很糟糕。所以，从现在开始，学着热爱你的工作吧，坚持每天多做一点点，经过日积月累后，你会发现，你得到的远远比付出的要多。同时，工作中，也要经常这样问自己："我已经竭尽全力了吗？或许我还能多做一点点，多负一点责任。"经常这样，你将会受益匪浅，卓越和成功迟早会主动找上门来。

6. 别被薪水"捆绑"，要与业绩"叫板"

不可过分追逐金钱，金钱本身给你带不来什么；追逐金钱，会给人一种为了活着而活着的感觉。为活着而活着是一种原始的生活，是文明的现代人所不能容忍的。所以，在职场中，我们不要过于计较薪水的多寡，将精力用于提升业绩上，你终将能获得不一样的未来。

在职场中，你想成为公司最受关注的焦点吗？想让上司另眼相看吗？那就付出行动，这并非是一件简单的事情，而是要看你以怎样的心态去面对工作，敢不敢不计报酬地与业绩"叫板"，这也是你取得成功的支点。阿基米德说："给我一个支点，我可以撬动地球。"在职场中，只要你能勇于舍弃回报，拥有好的工作业绩，何愁撬不动让自己满足的高薪呢？

不满足于现状，梦想成为一个人物，是每个职场人士梦寐以求的目标。然而，在现实中，很多人不是在寻找成功的支点，而是在抱怨失败的结果。

"我毕业于名牌大学，在公司混了这么多年，还只是拿着最底层的薪水，老板简直太黑了！"

"我就是公司的一头老黄牛，吃的是草，产的是奶，什么时候我能够吃的是奶，产的是草就好了。"

"为何我这么努力，老板还不给加薪？"

凡此种种，不一而足。

努力了就一定得加薪，付出了就一定要得到回报，工作久了就一定会得到升迁，这是多数人的惯性思维。他们的思维仅仅被禁锢在薪水、报酬上面，这样的抱怨，其实也是一种自卑的表现，也是对自我能力不足的心理的焦虑。要知道，企业衡量一个人能力的标准就是你做出了多少业绩，而不是你付出了多少努力。一个人做什么，做多少其实不是最重要的，重要的是你的成果是什么。有句话说：业绩给人重量，报酬给人光彩。多数人只是看到了光彩，而不去称重量。为此，要想获得成就，获得高报酬，就必须要问问自己做出了多少业绩。

衡量你自身价值的是业绩，要获得高报酬，就一定要借助公司这个平台不断地修炼自己的能力，并将能力转化为实实在在的业绩。不要总清高地认为自己有能力、有才华，进入一家企业后，横挑鼻子竖挑眼，总觉得自己大材小用，总想着老板该付给自己更多的薪水，跟老板"叫板"不算本事，有本事，你与业绩叫下板。

张华大学刚毕业的时候，就看上了一家广告公司，很想加入这个公司。因为这家公司很有实力，有着强大的策划团队和管理理念。张华认为，自己在这家公司工作，能够快速成长起来。

通过面试后，令张华感到意外的是，这家公司竟然开出1000元的工资，而且还没有奖金提成，这让许多刚毕业的大学生望而却步。但是张华却选择了坚持，他相信，自己在这家公司可以学到很多东西，这些东西能让他终身受益。

加入这家公司之后，张华全身心地投入到了工作中，勤奋地向老员工虚心学习，抓住每一个提高自己能力的机会。渐渐地，他在这份工作中得到了锻炼，积累了经验，工作技能和工作水平得到了彻底的提高。

三年之后，张华因为在工作中表现突出，得到领导的肯定，而他也因此被提升到了广告总监的位置上，薪水翻了好几倍。

张华不计较薪水的高低，把工作看作自身生存和个人发展的平台，尽心尽力地面对工作，积极主动地做好每一件工作，做出了卓越的业绩，最后得到了老板的认可和赏识，获得了高薪工作的机会。

由此可见，从心底热爱工作，改变自己对薪水的理解，不要被薪水所局限，而要将承担责任、尽职尽责，视为工作的一种快乐和幸福，并在这种负责中感受到自身的价值，最终你将获得薪水和事业的提升。

当然，薪水对于职场人士固然重要，但它并不是全部，我们的前途是要在职场上去实现自身的价值。虽然说，金钱是对我们努力工作的一种肯定，但是这种肯定并不是我们工作的全部。人生是一个不断学习的过程，对于初涉职场的人来说，就更是如此了。

我们最应该做的就是避开薪酬，把目光放得更长远一些，这样，我们才会发现游离于金钱之外的更有价值的东西。薪酬是会改变的，而决定薪酬高低的是我们的业绩，我们要学会与业绩"叫板"。

正如思科公司前总裁约翰·钱伯斯所说："我们不能把工作看作是为了五斗米折腰的事情，我们必须从工作中获得更多的意义才行。"对于期待事业长远发展的人来说，无论薪水高低，他们都会热爱工作，在工作中都会尽职尽责、力创业绩，这往往是事业成功者与失败者之间的不同之处。

7. 人生需要做好"加减乘除法"

每一次放弃都必须是一次升华，否则就不要放弃；每一次选择都必须是一次升华，否则不要选择。做人最大的乐趣是通过奋斗去获得我们想要的东西，所以有缺点意味着我们可以进一步完美，有匮乏之处意味着我们可以进一步努力。做好人生的"加减乘除法"，无论做什么事情都是轻松、幸福的。

在职场中，一个能成大事，会做事的人，都是能做好"加减乘除法"的。他们能够清醒地认识自己，深知自己的优势与劣势，并能够利用一切机会去弥补自己的短处或者缺陷，不断地做"加法"，让自己更具竞争力；他们知道哪些工作能做，但无法做到最好，就会适当地舍弃，是给自己的人生做"减法"；他们也明白自己最擅长什么，会将长处发挥到极致，让自己的天赋锦上添花，将这方面的工作做到让所有人都称赞，这就是做"乘法"；同时，他们也深知哪些工作是自己最不擅长的，无论自己如何努力，都难尽人意，于是就会果断地放弃，这是做"除法"。一个高明的职场达人，或者做事高手，都善于运用"加减乘除"四种方法，来选择自己的职业和个人发展路径，最终获得巨大的成功。

那么，工作中，我们如何灵活地运用"加减乘除法"来选择自己的人生定位呢？

（1）做加法，就是"有所为"

在工作过程中，一定要清楚自己的"职业短板"或者"经验缺陷"在哪里，哪些技能是妨碍你个人发展的重要阻碍，并想尽一切办法或者争取各种机会努力去突破它，这样才能让你的职业发展之路更为畅通。

有这样一个故事。

有一位农夫一大早起来就告诉妻子自己要去耕田，当他走到田边的时候，却发现耕田的机器没有油了。原本打算要去加油的，但是又想到自己家中的三四头猪还没有喂，于是就转回家去；经过仓库时，看到旁边有几棵玉米苗，就想起自家田里的玉米苗现在可能正在发芽，于是又到了玉米地中去；途中经过木材堆，又记起家中需要一些柴火；正要去取柴的时候，看到了一只生病的鸡躺在地面上……就这样，来来回回地跑了好几趟，这个农夫一直到夕阳西下，油也没有加，猪也没有喂，田也没有耕。最终，他什么事情也没有做好。

类似老农夫这样的行为，工作中每天都在发生。更多的人根本不清楚自己究竟应该做什么，应该把精力放在哪些方面，最终只是浑浑噩噩、碌碌无为地混日子，一生都一无所成。为此，我们一定要清楚自己的"职业短板"在哪里，然后找机会适当地加以弥补，才能让机会和成功垂青于你。

比如一个业务精英因为业务能力突出，被提升为公司的销售经理，这类人基层出身，业务纯熟，走上管理岗位之后，他的职业短板就是"管理"，即如何带领团队。所以，要想在自己的本职工作上做出成绩，他就必须要弥补这一块"短板"。

（2）学会做减法，就是"有所少为"

学会做减法，就是要少去做那些不太能胜任的工作。有些工作可以做，但是不一定做到最好，不能够有效地发挥你的个人优势，类似这类的工作，能减则减。生活中，很多人都是怀着"将就"的心态去面对他的工作的，为了获得可观的薪水，做着自己并不喜欢的工作，这样会丧失掉自己原本的快乐。在一个不太能胜任的岗位上勉为其难，给自己带来的只有痛苦，所以，我们应该及时舍弃。

（3）学会做乘法，就是"有所多为"

学会做乘法，就是有所多为，重点"做你最拿手的菜"，做你最擅长的工作，经营自己的长处，才能让自己成长得更快一些。比如有的人天生是谋略家，那就适合去做老板的助手；有的人天生是销售高手，那就应该到一线去拼杀，做业务；有的人属于工程师类型的，那就应该去搞研究。每一个职位都代表着专业上的优势，就需要不同的角色和岗位能力去匹配，一个人的事业规划，应该是向着能够发挥自己专业特长或者个人潜能的方向去不断地延伸。

有一个电视节目，讲的是老虎和狮子谁更厉害？狮子被人称为"非洲霸主"，老虎则号称"兽中之王"，都是大名鼎鼎的超级猛兽，它们居于食物链的上游，一个在草原，一个在森林，彼此不照面。让老虎和狮子相争，这个很难发生的场景，却很吸引人，两个"终极杀手"之间的竞争，谁会胜出呢？科学家们根据各种数据推测以及电脑模拟，如果在体能各方面同等条件下，老虎和狮子相争，狮子胜出的概率最高。为什么呢？原来，老虎喜欢单打独斗，它的突袭能力强，而狮子则是团队猎食，它们的实战经验多。在一个狮子兵团中，狮子能掌握更多的实战技巧，而老虎则要逊色一些。

这个节目给了我们深深的震撼。群体协作是强大的象征，一个人要放大他的优势，最有效的办法就是在一个优秀的团队中获得足够多的实战经验。这也是为什么在一个大平台上，往往更容易提升一个人的能力。我们要为自己的优势锦上添花，那就要尽快加入到一个优秀的团队中去。

（4）学会做除法，就是"有所不为"

学会做除法，就是让你勇于剔除那些影响你向前奔跑的"赘肉"，就是要求你要勇于放弃不适合自己，自己不喜欢，或者给自己带来痛苦的工作或岗位，这些是你个人发展的拖累，要学着放弃。

毕业于北大中文系的刘忠，是一家电子公司的销售员，因为为人忠厚老实，而且业绩也做得极好，工作踏实，不久就被领导提拔为销售部主管。对于这样的职位，刘忠并不想去做，因为他自己并不善于管理他人，后来，禁不住领导的动员，勉为其难当上了销售部主管。

在这个职位上，刘忠干得很是辛苦，但勉强称职。不久之后，上级领导就找他来谈话，要让他出任销售部总监的职位。他当初很是犹豫，但还是答应了，因为销售部总监这个职位薪水很高。然而，几个月下来，刘忠简直苦不堪言，他自己根本不善于做管理，尤其是协调上下级关系，而同时，他自己的销售工作也没做好，离他熟悉和擅长的工作越来越远。不久后刘忠辞了工作，又到另一家公司开始从普通的销售员做起。

在奋斗的过程中，总有一些工作，是你根本无法胜任的，所以，我们一定要勇于放弃那些自己根本没有能力胜任或自己不喜欢的工作，要学会及时调整，及时调头，千万不要再留恋。

在个人发展过程中，只有做好"加减乘除法"才能寻找到自己最佳的发展位置，才能最大限度地发挥你的个人能量或潜力，才能让你始终朝着正确的人生目标不断前进。

8. 舍弃苛求，别给心灵戴上沉重的枷锁

人这一辈子，不要去过分地苛求，不要有太多的奢望。若我们苦苦追求过却还是一无所获，又何必硬要去强求呢？该是你的，躲也躲不过；不是你的，求也求不来。金钱、权力、名誉都不是最重要的，最重要的还是应该善待自己，就算拥有了全世界，随着死去也会烟消云散。

在职场中，很多人都觉得对工作认真的人是最可爱、可敬的。这样的人能将自己的工作做得更出色，让生活变得更精致，也让人生变得幸福和充实。认真的工作态度固然是好事，但是，不少人却因为过于认真而近于偏执，对自己过分地苛求，给心灵戴上沉重的枷锁，使生命苦闷不堪。

佳怡在一家外企工作。四年中，她一直都是领导眼中的好员工，工作负责认真、任劳任怨。然而，就在最近，她觉得自己快要崩溃了，甚至觉得再继续工作下去会疯掉。

为什么会这样呢？四年前，佳怡得到了来这家外企工作的机会，由于机会难得，她非常珍惜，只要是工作上的事情，她都事无巨细、一丝不苟。由于工作非常繁忙，所以她经常加班熬夜。有时候，工作任务太重，她还会为此而号啕大哭。

外企的待遇很高，在很多人的眼中，外企似乎是打工者的天堂。然而，待遇高了，付出肯定是多的。如果不懂得提高自己的工作效率，分不清事情的轻重缓急，自然会被工作所累。

为了保住自己的工作，佳怡只好没日没夜地加班。这样的生活持续了四年，佳怡越来越累，一想到工作就会头痛。而且生活也越来越单调，没了爱好，没了朋友，没了乐趣，她都快要崩溃了。

工作对于她来说只能是疲于应付。主管每次派给她什么工作，她只管埋头苦干，从来没有思考过自己的人生理想是什么？目标是什么？而她现在总问自己：这样的生活，什么时候才是解脱？

佳怡的痛苦主要是她过分地苛求自己造成的。对于她来说，工作是她生活的主体，长时间超负荷工作，自然会导致心力枯竭，进而产生职业倦怠。

在现实生活中，像佳怡这样的人有很多，他们像机器一样在自己的岗位上不停地运转，强迫自己去做一些内心不愿意做的事情。他们不信任别人，事无巨细，大事小事自己一人包揽；甚至不敢公开表达自己的消极情绪，长时间的压力与压抑使他们产生了消极的心理反应。其实，仔细想想，又何必呢？我们不能做到最好，完全可以放松心态做到很好；除了工作，生活还有许多有意义的事情去做；不能拥有伟大，完全可以静守平庸，用轻松的人生规则主宰自己的快乐又有何不可呢？

我们可以试想这样一个场景：你的上司鼓励你说，你当前的表现很好，但是我希望你接下来能表现得更好，希望你能将本来计划两个月完成的工作，在一个月内完成。这时候，不苛求的人看到的会是自己的几项工作都完成得不错，努力没有白费；而苛求的人则更多地关注那未完成的工作任务。所以，这样的心态只会造成两种不同的结果：一种是极为积极活跃，而另一种则是更为悲观沮丧。

无论我们是否承认，过分苛求的人，在工作中和生活中，他们都活得极为沉重，生活异常疲惫不堪。同时，过分苛求的人，其性格中还有偏执的一面，他们也爱自我压抑，这些都会对自己的身心健康造成一定的影响。过分苛求自己的人，平时总会感到自己的压力很大、经常处于焦虑和疲惫之中，长期的情绪压抑，极容易走上极端，易患各种心理疾病，比如抑郁症等。

俗话说：水至清而无鱼，人至察则无徒。在现实生活中，我们对人、对事、对自己都不宜过于苛求。否则，只会置自己于孤寂和焦灼之中。心理学指出，一个人的智能越高，对苦闷的体验就会越发敏感。所以，对一件事情，你越是苛求，那么失败后，你收获的痛苦就会越大。为此，生活中，我们一定要理性地认清楚自己，面对现实，量力而行，不要过于苛求自己，如此这样才能更深层次地体会到工作、生活与成功的意义。

有一次，张灵去外地参加一个重要的论坛会议，在一个没有电梯的宾馆中，从一楼到五楼之间上下了六七趟，她感觉腿脚发麻、浑身无力。而与她一同参加会议的年迈的老太太却大气不喘，精神焕发。

张灵与老人闲聊之后，才发现对方已经有七十高龄，是这次会议的特邀嘉宾。如此大的年龄还有这么好的身子骨和精气神实在令张灵十分佩服，就向她讨教养生秘诀。老人说："我的秘诀就是，尽人事，听天命，对任何事情都不去苛求。"

在谈及自己的梦想时，老人说道，自己在生活中与人无争，与己有求，但不过分苛求。自己根本不想做名人，只想依照内心的喜好去活，做个文学爱好者。在自己三十多岁的时候，当明白自己一生所要的正是清清淡淡的一碗饭后，就主动舍弃了许多事情，让自己随心而活。从不闲着，也不劳累，早上起来跑跑步，白天读读书，晚上写写字，从来都是睡得甜吃得香，从不为什么事情去担忧。然而，正是这种看似平淡的心境，才让自己能够沉淀下来，静下心来，为自己创造了极好的写作环境，最终成为一个了不起的作家。

试想，如这位老人一样乐观豁达，与己有求，但又不故意苛求的人，能不长寿吗？能不成功吗？无论年轻也好，年老也罢，每个人都应该依照自己想要的生活去活，向着自己心中的梦想去靠近。不要去过分地苛求，不必为自己制定什么硬指标，比如几年之内要做到什么位置，拿到什么奖项，能获得多少财富等。这样就是对自己的苛求，是与自己叫板，与自己过不去，最终只会将自己拖入永久的疲惫之中。

要知道，最终能够站在塔尖上的毕竟是少数人，只要根据自己的能力，坚守自己的梦想，抱着一种顺其自然的心态去追求，只要为此付出努力了，就能够问心无愧，就能够知足，这样才能让自己感受到追求梦想过程的快乐与幸福。

9. 不必事事都追求完美，学会悦纳不完美的自己

人类尽管是在不断追求"完美"之中，才创造出了五彩缤纷的世界。然而，完美只是相对的，生活中如果你因为差那么一点点而耿耿于怀或者顽固到底，就大可不必了。要知道，为了从 99.9％ 跨越到理想中的 100％，你会为最终的那 0.1％ 付出多出正常标准很多倍的时间、精力等资源。更何况，世界上 100％ 的完美根本就不存在，我们所谓的完美只是一句极具诱惑力的口号，一个漂亮的陷阱。

金无足赤，人无完人，事事都有缺憾，人人都有缺点，这是自然界的法则之一。然而，工作中，有一些人总是事事苛求完美，将自己拖入疲惫和烦恼中。

张庆从小就是个非常优秀的孩子，每次考试几乎都是班级第一名。后来，他顺利地考上了清华大学，而后又出国留学。几年后回国，到一家全球著名的外资企业工作，因为工作努力，人又上进，业务水平高，深受领导的器重。

张庆的工作能力极强，公司内部一个两年都完不成的项目，给他接手后，不到三个月就完成了。更为难能可贵的是，尽管他能力强，业绩好，却丝毫不狂妄自大。在工作中，张庆的认真、谨慎、踏实是大家公认的，而且与同事之间相处得也很好。在家里，张庆也是个好儿子、好丈夫、好父亲，家人都依赖他。但是，后来发生的事情却不是人们所想象的那样好。

有段时间，因为工作上的原因，张庆的情绪有些不太好。公司接到了一个大项目，张庆自然是主要负责人，项目催得很紧，需要在规定的时间里完成，于是几个月的时间内，他将自己的大部分时间都耗在了办公室里，没有了星期天，熬夜加班更是家常便饭。他平时只是感到压力大，但是从不注意去发泄、调节，最多是回到家中对妻子发几句牢骚，诸如，项目小组里谁谁的效率太低，老跟不上进度，等等。

平时不怎么抽烟的他，烟瘾一下子大了起来，不过都是一个人抽烟。

尤其是近段时间，他的心中总是莫名地感到心慌、头痛。于是，在妻子的规劝下，他走进了心理咨询室。

从心理学的角度来看，一个过分追求完美的人，目标和眼光都很高，对自己的要求也很苛刻，总会对自己做的感到不满。在周围人的眼中，张庆工作能力强，与同事关系融洽，对家人体贴，众人眼中他已经够完美了，但他仍旧不满足，依然忧心忡忡。这种忧心促使他不停地去追求，不停地忙碌，就像一辆车一直在消耗、磨损。直到有一天，汽车没油了，心力枯竭了，就会使自己陷入崩溃的状态之中。

要知道，世界上任何事物的发展都是相对的，即便这一面看似完美了，另一面也难免会有残缺，就像张庆一样，爱岗敬业，工作狂，他一心想在事业上追求完美，不惜付出所有的精力和时间，以求获得最佳工作者、单位优秀个人或者上司的表扬等，而事实上，他有一天也许会因此而丢掉家庭、健康。这便也是一种不完美。

不可否认，追求完美是人的一种心理特点，或者说是人的一种天性，按道理说，这并没有什么不好。但任何人与事都是有缺憾的，你若事事都追求完美，并不一定能获得你想要的成功或成就。

在大草原上，有一头叫哈克的雄狮，体格极为健壮且富有野心，从小就立下志向想成为草原上一头让所有同伴都羡慕的完美的狮子。

一次，它发现狮子虽然为兽中之王，却有个明显的弱点，那便是在长跑项目中的忍耐力要比草原上的羚羊弱得多。很多时候，狮子就是因为这个弱点，让美味的羚羊从嘴边溜掉了。而追求完美的哈克想方设法想改变自己的这一缺点，它通过对羚羊长时间的观察，发现，羚羊的耐力与吃草有极大的关系。为了增长自身的耐力，哈克就学着羚羊吃起草来。最终，哈克因为长期吃草的缘故而变得很瘦弱，体力也开始大大地下降。

哈克的母亲发现它的这一想法与做法后，意味深长地对它说："狮子之所以成为草原之王，不是因为没有缺点，而是因为我们能够突出自己的优点，那就是突出的观察力、优异的爆发力、锋利的牙齿和准确的扑咬动作。没有缺点的动物是不存在的。"

听到母亲的话，哈克真切地认识到了自己的错误，它不再将心思放在改变自身的缺点上面，而是努力去发挥自己的优点。两年之后，哈克便成了草原上最优秀的狮子。

任何事物都不是十全十美的，每个人都不可能事事比人强。实际上，只有一方面特别优秀就已经了不起了。若要全面追求第一，追求完美，最终的结果可能什么也得不到。所以，在职场上打拼的你，要想成为一个优秀的人，就放弃"事事追求完美"的想法吧，这样也就不会为了空中楼阁的完美而耗费自己的心血。要知道，在这个世界上，完美的东西是不存在的，追求完美只是一种憧憬，一个向往，只是生活的一个过程和体验而已，只要做到问心无愧就是一种完美了。

10. 别让工作成为人生的负累

之所以心累，是因为常徘徊在坚持和放弃之间，举棋不定；之所以会困惑，是因为喜欢消极地看待事物，不能自拔；之所以不快乐，不是拥有的太少，而是奢望的太多；之所以会痛苦，是因为记性太好，该记和不该记的都留在记忆里。简而言之，人的烦恼缘于，放不下，想不开，看不透，忘不了。

随着现代生活节奏的加快，很多人都处于超负荷的忙乱的生活状态之中。白天忙了一天，晚上终于回到家该清闲了，内心却还是陷入一种莫名的不安之中。为何不安，也找不出合适的理由来。这主要是因为我们的内心总是在苛求自己不停地忙碌，以至于使忙碌深深地刻印在我们的灵魂之中了，工作已经成为生活的负累，感受不到任何的快乐和幸福。

不说其他人群，仅是一个普通上班族的一天，就是如此的忙碌：

早晨七点钟，闹钟响起。开始忙碌着起床，然后洗漱、穿上衣服。开始吃早餐。很多人根本没有时间吃早餐，于是就随手抓起面包，急急忙忙地跳上公共汽车，开始了一天上班高峰时间最艰难的煎熬。

从早上九点钟到下午五点钟，开始为工作忙得不可开交，做事小心翼翼，极力掩饰自己的错误，而且为了维持和谐的人际关系，见到每个人都得强装微笑。当公司"重组"或者"裁员"的斧头落在别人的头上时，自己就长长地松了一口气。然后再开始扛起额外的工作，不断地看着表，并不断地与内心的良知做斗争，行动上得极力地配合老板，脸上还得挂着令人满意的微笑。

好不容易到了下午五点钟，下班了，多数人还得面对无休止的工作应酬。幸运的一群人行驶在回家的高速公路上，开始与家人单独相处。吃饭、聊天、看电视。到晚上十点钟左右睡觉，以防明天因为迟到而被罚当月奖金。

这种机械、无聊、无趣的生活状态离我们并不遥远，很多人都与上述这位上班族一样，每天都在大脑一片空白之中忙碌着，置身于一件件做不完的琐事与想不到尽头的杂念之中，每天都在不停地忙碌着，丝毫体验不到生活的任何乐趣。

我们的内心就像被上了发条一样绷得紧紧的，生怕一停下来就被社会所淘汰。要知道，生活的真谛在于追求幸福和快乐，麻木与紧张并不是该有的生活常态。长时间处于这样的生活状态之中，我们的生命会变得干瘪与麻木，感受不到任何的色彩。为此，我们一定要抛开一切，放开心中紧绷的弦，让自己清闲一阵，这样，你就能够重新找到生活的意义和乐趣。

同时，也要摆正心态，要明白：工作的最大意义不仅限于由此获得物质生活的报酬，更重要的是，工作能使人在团体中表现自己，以体现个人的价值。我们要学会从工作中寻找满足感和成就感，将工作看成一种实现自我价值的方式，这样就不会经常置自己于痛苦与焦虑之中了。

另外，如果工作时常感到力不从心，那就应该考虑是不是自己的目标定得过高，要重新评估一下自己的能力。对自己的认识、评价是在发展过程中逐渐培养起来的。对自己有正确的认识，做自己可以胜任的事情，对自己有个合理的预期和评价。如目标过高，应适当进行调整。不要成为"工作狂"，应该明白：身体是革命的本钱，健康才是最主要的，年轻时拼命工作，年老时靠药物维持生命是不值得的。

如果是复杂的人际关系导致你感觉工作"太累"，那就要学着去调整自己的人际关系了，让自己处于一种良好的状态之中，以保持平衡的心态。在复杂紧张的工作中，应该保持心理的平衡和宁静，养成开朗、乐观、大度等良好的性格，为人处世应该稳健，要有宽容、接纳、超脱的心胸。调整完善自己的人格和性格，控制自己的波动情绪，以积极的心态迎接工作和挑战，对待晋升加薪应有得之不喜、失之不忧的态度，提高自己的抗干扰力。

如果因为生活太过忙碌或工作太过烦琐而感到压力过大，你也可以推开一切，什么也不做，一定要找个清闲的地方，当然是不容易被闲人打扰的地方，否则，如果遇到了熟人，一定会不可避免地像往常那样与对方漫无边际地聊起来。在刚开始的时候，你一定会觉得心慌意乱，会觉得自己一停下来，所有的一切一定会出问题。这个时候，你就将这些杂念从你的头脑中赶走，尽力深吸气，保持内心的平静，慢慢地，就会发现，你整个人都轻松很多。一会儿，你就能够体会到这一段时间竟然是如此惬意，感受到生命原来是如此美好。接下来，如果再去工作，你就不会那么手忙脚乱，就会从容淡定地去处理各种事务，内心不会再有任何的紧迫感。只要将这种状态坚持下去，并且养成习惯，你的生活状态将会得到极大的改善，你就会从那种极为紧张的情绪中解脱出来，使你的思路清晰，灵魂得到彻底净化，生命质量得到极大的提高和改善。

11. 舍弃急躁，从容地面对工作

干不完的工作，停一停，放松心情；挣不够的钱财，看一看，身外之物；看不惯的世俗，静一静，顺其自然；生不完的闷气，说一说，心境宽广；接不完的应酬，辞一辞，有利健康；尽不完的孝心，走一走，回家看看；还不完的人情，掂一掂，量力而行；走不完的前程，缓一缓，漫步人生。人生不是一桩紧急事故，无须慌慌张张地过。

多数年轻人认为青春应该是意气风发，充满激情的。于是，在工作中，他们总是苛求自己以最快的速度去完成任务或者办好事情，让自己经常处于一种焦躁的状态中，烦恼和焦虑便不期而至，直到很多事情无法完成，才明白，很多事情是需要一些耐心的。

古代的宋国有一个农夫，他看着自己家的禾苗长了很久，仍旧贴着地面，心中异常急躁："都这么久了，才长这么一点儿，要等多久才能长好呢？"他苦苦思索，终于想出了一个办法。他挽起袖子，兴高采烈地将禾苗一个个地往上拔起一点。看着自己田里的禾苗长高了一大截，农夫感到极有成就感，便拖着疲惫的身体回家，夸口说道："今天真把我累坏了，我们田里的禾苗长高了一大截！"他儿子听后，到田里一看，禾苗全部都干死了。

这便是拔苗助长的故事，这个宋国人拔苗之后，扬扬自得，自以为自己做了一件好事情，殊不知，却因为自己太过心急而把一亩好庄稼给"害死"了。现实生活中，又有多少人在做着"拔苗助长"的事情呢？他们做任何事情都急于求成，很容易冲动、愤怒，甚至有时候还会"暴跳如雷"，这些负面的情绪对我们而言极具杀伤力和破坏性，有可能会造成终生无法挽回的遗憾。

要知道，欲速则不达，处理事情时，太过急躁就会冲动，一冲动便容易出差错。唯有脚踏实地，用一颗平常心去面对你的工作，才容易达成目标。

张芸是上海某外企的中层管理人员，在公司工作的四年中，领导对她的评价是：思维敏捷，办事麻利，工作能力强。而同事和下属对他的评价却是：不够宽容，激动易怒，做事手段太强硬。领导与同事对她的评价有如此大的不同，还在于她过于急躁的性格。

在公司内部，只要是上级部门向她下达工作任务，她总是要提前完成工作任务。为此，她总是受到领导的表扬。但是，很多时候为了能提前完成工作任务，她对下属的要求就会十分苛刻，明明需要三天才能完成的任务，她却要将工作压缩到两天，不仅把自己搞得焦头烂额，也让那些去执行任务的员工忙得手忙脚乱，精神压力甚大。同时，如果哪个环节出了问题，拖延了时间，她不仅会大发雷霆，而且还会扣除相关员工的月奖金，这让她的下属都苦不堪言。

对此，她也有自己的理由："我其实也不想把大家搞得那么紧张，但是我就是忍受不了那种慢吞吞的样子。……在公司里，我自己从不甘心落后，一看到那些效率低下的员工，我就会不由自主地发脾气……对此，我也十分苦恼，我平时的工作压力大极了，头痛、失眠、焦虑经常伴随着我，而且整个人经常会莫名其妙地处于焦躁不安之中，动不动就想发脾气……"

这就是急躁带来的后果。其实张芸的急躁性格产生的根源在于她苛求太多，她总是不甘落后，不满足于现状，只要有工作任务，就会马上动手去干，这样做的目的无非是想得到领导的赞扬。但是，让自己背负着如此巨大的痛苦去换取领导的赞扬，未免有些得不偿失了。

在日常工作中，你是否也会这样：只要有任务分派下来，你就巴不得赶紧去完成，既不认真准备，也不做好周详的计划。遇到烦琐的事情就来个"快刀斩乱麻"，最终导致问题无法解决。如此又会产生挫败感，心神不宁。这个时候，你也听不进去他人的规劝，时常还会对规劝的人大发雷霆……自己的神经好像绷了根上紧的发条一样，仿佛永远无法平静下来。

其实，你是完全能够平静下来的。这时候，你只需舒缓自己的情绪，只要心中静静地默念：好，好，慢一点，不必急。并努力让自己心平气和地坐下来，放松神经，不刻意去思考什么内容，尽量使自己的思维维持在一种似有似无，天马行空的感觉里，或者集中精力听一种声音，比如钟的嘀嗒声。等精神松弛下来后，再随意控制自己的心理活动，还可以想象事情发生的场景，将自己置身其中，最终找到更好的处理方式。

同时，也要注意去培养自己的耐心，不要对自己要求过高，也不要去过分地苛求他人，理性而积极地认清楚自己，这样才能够让自己做出正确的选择与判断。做事情的时候，一方面要有计划，另一方面计划又不可过于完备，要预留自由度。俗话说"计划赶不上变化"，一个真正周到而有耐心的人，要善于在坚持自己的原则下灵活地变通，这样才能让自己在平静的状态下，有条不紊地达成自己的目标。

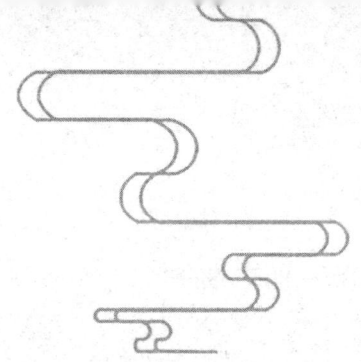

第七章

决胜商场，舍与得是成功的黄金法则

决胜商场，也需要以"舍得"为引路人。任何事物的发展进程都不是一帆风顺的，是前进与曲折的统一。在前进过程中，首先要学会"舍"，舍弃浮躁，锁定目标，才能行得更高远；舍弃犹豫，才不会患得患失，在重要的时刻抓住转瞬即逝的机会，要舍弃锋芒，才能保存现有的成果，这样才能在保存实力的基础上，行得更为高远；舍弃欲望，才能在行动和心态上收住步，才能保全自身。总之，在商场中如果领悟了舍得之道，那么，你便能够进退自如、游刃有余地做出大成就，经营大事业。

1. 舍弃浮躁，一生只做一件事情

一个人一生只做一件事，一定比三年做东、五年做西的人更容易成功。人生最为重要的是，要清楚自己去哪里，要舍去繁杂，认定一个方向，盯住一个目标，拿出掘井的劲头来挖井。很多时候，我们在一个地方挖了很久都没有见水，并不是因为此处没有水，而是因为挖得不够深！

在商场中，无论你从事哪个领域，从事什么职业，如果想尽快地做出成绩，取得成功，首先要舍弃浮躁，对自己的目标有一种钻劲和执着的精神，将目标作为毕生的追求和修为，并且贯彻始终。"善士闻道，勤而行之"，一生只做一件事情，如此才能做出一番成就来。

一生只做一件事，这对于商场中人来说，是一件极不容易的事情。凡夫俗子因为心中的欲念太多，不懂得取舍，不停地转换人生方向，最终忙碌一生都一无所成！

在一条小吃街上，有两家经营老豆腐制品的店，一家叫"张记"，另一家叫"李记"。两家店是同时开张的。

刚开始，"张记"生意很好，每天吃老豆腐的人都得早早地起来排队，来晚就吃不上了。而"张记"的特点是：豆腐做得很是结实，口感极好，而且店主给的量还很大。

相比之下，"李记"的老豆腐就不同了，豆腐不仅做得软，软得像汤汁一样，不成形；其次，给的豆腐也很少，加的汤却很多。在一段时间内，"李记"豆腐店门前的生意总是冷冷清清。

一位客人就给"李记"店里的老板提议说："同样是豆腐店，你家的生意这么差，而对面豆腐店的人却客人爆满，你怎么不向对方学习把豆腐做得结实一点，量多一点呢？""李记"老板笑嘻嘻地说道："为何要学他呢？现在客人很少，一段时间后，我这里的客人自然会爆满了。"客人不解，就静观其变。

一个月之后，"李记"店门前果然排起了长长的队伍。客人很是好奇，就排队买了一碗，看着碗里的豆腐仍旧稀稀的汤汁，与以前没什么两样，而且吃起来，也还是之前的味道。老板的脸上仍旧挂着憨厚的笑，客人就问道："这里的人为何一下子就多了起来，这里面有什么秘密吗？"

"李记"老板说道："其实，我与'张记'的老板是师兄弟。"客人惊讶地问道："那为何你们做的豆腐完全不同呀？"老板说道："是不同。我师兄——'张记'做的豆腐确实好吃，我比不上。但是我做的豆腐汤却有另一番滋味，汤里面加入好几块骨头，再配上调料，经过长时间的熬制，味道极为鲜美，在这方面，师兄就不如我了。当年，师父告诉我们，生意要想长久，就必须要有自己的特长。师父还告诉我，'吃'的生意最难做，因为众口难调，人的口味不断变化，即便是山珍海味，经常吃也难免会厌烦。所以，师父就传授给我们不同的手艺。这样，人们只要吃腻了我师兄的豆腐，就会到我这里来喝汤。时间一长，人们还会到我师兄那里，一段时间后，人们又会到我这里。这样，我们师兄弟的生意就能够长久地维持下去，并且互不影响。"

客人疑惑地问道："如果你能把师兄做豆腐的手艺学到手，那你的生意不是会更好，更长久吗？"而"李记"老板则笑着说道："一生能做精一件事情就不容易了，有时候，你样样精，结果只会样样差。"

对于商场中打拼的人而言，一生做精一件事情，才能变得更为卓越，成为最终的强者！如果你样样追求精通，结果只会样样差。一个人能够舍弃诱惑，对自己的工作、职业，只有从一而终，坚持一条路走到底，才能成为佼佼者，才能取得最终的成功。

在商界中，世界零售业老大沃尔玛，自始至终只做零售，钱再多，都不去买地，不轻易去涉足房地产，最终成为世界第一；麦当劳只做快餐，实力再强，也不去涉足其他餐饮类，最终成为世界快餐界的龙头；美国通用汽车公司，一百多年以来，也只做汽车与配件，总资产达到了八亿，都不去做航空和轮船，最终成为世界第二强；世界首富比尔·盖茨，钱再多，都只做软件，其他行业再赚钱都不去做……一个人只有心无旁骛地做一件事情，才更容易成为强者，成为同行业的佼佼者。所以，在商场上，只要你选择了一条道路，就要舍弃浮躁的心理，经得起诱惑，努力专注坚持到底，最终一定能成为强者，这是万千成功者的经验之谈。

有一个三口之家，男的是教师，女的下岗后在家附近的街面上开一家小店，主要经营纽扣，同时还卖些头饰、胸花之类的小玩意儿。女儿在一所普通中学读书，成绩一般。一家人都是普通人，过的日子也是普通的日子，平平淡淡，紧紧巴巴。

有一天，男的下班回到家中告诉妻子，他有一个新的发现。妻子问，有什么新发现。男的说，昨天，我到图书馆去看一份杂志，介绍的都是全世界上的大公司，称为"500强"，我研究了他们的成功之路，发现一个普遍的规律，那就是他们的经营者都是一根筋，一辈子只做一件事，企业只走一条路。

妻子很是好奇，就问："什么意思？"男的说，比如你卖纽扣，就只卖纽扣，卖所有品种的纽扣，店面再大，都不卖别的，也就是开专营店，500强走的大多都是这条道路。

按照这样的路子发展下去，不久，妻子经营的店面生意逐渐地开始红火起来。几年之后，就开起了连锁店，夫妻俩也被当地人誉为"纽扣大王"。

坚持登一座山峰的人，一定会到达顶峰；一辈子只做一件事情的人，一定能取得不凡的成就，成为行业中的强者。

所以，处于商场中的年轻人一定要舍弃浮躁的心理，认准了一个目标后，坚持不懈，这样才不会瞎忙。在前进的过程中，也要时刻清楚自己要的是什么，想在哪个领域之中发展，并搞清楚你要如何才能实现你的目标。接下来，再一步步地去做，用你的一生坚持做一件事情，相信你一定会成功！

2. 不患得患失：危机时刻，要有决断的魄力

对于未来，我们总想把它设计得完美，但再好的规划，总在我们执行的过程中，慢慢地偏离了它预想的轨道，很多生活，都不是我们心中想要的样子。人生无须太多的准备，上帝给了我们腿与脚，就是让我们不停地前行。不要瞻前顾后，不要举棋不定，不要裹足不前，有时候义无反顾，你往往会得到更多。

在商场中，难免会遇到千钧一发的关键时刻，在这个时候，你不能没主见，不能犹豫不决、患得患失，要理智地取舍，果断地拍板，表现出非凡的决策能力。

其实，一个人决策的过程，便是一个取舍的过程，如何取舍，能否做出正确的决策，完全要依靠你的智慧。在瞬息万变的商场中，客观情况，是极为复杂的，有些紧急情况，是不可能让人事先做出百分之百的正确的判断的。现实之中，一个人经常遇到一些不确定并有风险的事情，就需要你有敢想敢干，敢冒风险的精神，要有当机立断的拍板魄力，如此才能取得更大的成功。

"当断不断，反受其乱。"在紧急的情况下，决策者是不能够患得患失，犹豫不决，一拖再拖的，否则，可能会让你错失机会，会让正确的决策因为时间的拖延而变成错误的方案。

艾森豪威尔是美国第 34 届总统，还是世界反法西斯战争的杰出统帅和五星上将，他自身有着非凡的当机立断的魄力。

尤其在 1944 年 6 月 6 日，在诺曼底登陆战前夜，他更是表现出了非凡的当机立断筹谋盘算的魄力，从而使诺曼底登陆战役取得了辉煌胜利，最终扭转了整个战局，沉重地打击了法西斯势力。

就在登陆前夕，因为天气情况恶劣，一直下着大雨，当时的气象学家断言 6 月 7 日就能转晴。如果天气不转晴，那么空降兵将根本无法登陆，将会使整个登陆计划完全失败，使 50 多万名士兵面临着牺牲的危险。在诺

多将军都表现出迟疑不决的时候，艾森豪威尔当机立断，命令全军在6月6日登陆，最终赢得了战斗的胜利。

当机立断的魄力是成就大事业者所必备的能力。一个人善于当机立断，其敏捷的思维，才能够在复杂多变的情况下应对自如。艾森豪威尔就是因为在紧急的关头勇于取舍，果断拍板，才取得了最终的成功。

现代社会是信息社会，商场信息瞬息万变，机会稍纵即逝，要想紧抓机遇，就一定要善于取舍，果断决策。当机立断是一种处于复杂环境中的灵敏取舍的过程，是一个人智慧的体现，并非是个人在冲动的情况下盲目地喊打喊杀，而是在正确的分析、判断的情况下敢于拍板，这样才能临危不惧，一举解决当前的难题。

一个人只有在紧急或者关键的时候，能够当机立断，果断决策，才能谋大事、成大事。否则，犹豫不决，患得患失，一定会一事无成。

3. 你要"全力以赴"而非"尽力而为"

欲追求卓越，首先要舍弃慵懒的做事方式，只能"全力以赴"，而非"尽力而为"！开水烧到99度不会开，飞机在起飞之前，驾驶员如果没能将排挡杆推到极限，飞机就无法安全地在跑道距离内飞上蓝天。如果你希望自己尽早成功，必须要全力以赴！

有这样一个故事。

一天，一个猎人带着猎狗去打猎。

猎人一下子就击中一只兔子的后腿，为了逃命，受伤的兔子就开始拼命地往前奔跑，猎狗在猎人的指示之下，飞奔着去追赶兔子。

但是，追着追着，兔子就跑不见了，猎狗只好悻悻地回到猎人的身边，猎人就开始不停地骂猎狗："你真是一点用都没有，连一只受伤的兔子都追不到！"猎狗听了极不舒服，哭丧着脸说道："我可是尽力而为了啊！"

而刚才猎人追赶的那只受伤的兔子跑回洞中，把自己经历的险情对兄弟们说了一遍，它的兄弟们全部围过来，极为惊讶地问道："那只猎狗很是凶狠啊，你又带着伤，怎么跑过它的呢？"

"它是尽力而为，我是全力以赴啊！它没能追上我，最多只是挨顿骂，而我如果不全力以赴地跑，就会丧命的呀！"

这个故事告诉我们：尽力而为，只会差强人意，而全力以赴才能更为卓越！其实，生活中，每个人都是有很多的潜能的，但我们往往会对自己或对别人找诸多的借口："管他呢，我已经尽力而为了！"事实上，这是远远不够的，尤其是在这个处处充满竞争和危机的年代，你稍不努力，就有被淘汰的可能。为此，欲成就一番事业，一定要经常问问自己：我今天是尽力而为的猎狗，还是全力以赴的兔子呢？

威廉是美国推销界的顶尖高手，年收入高达百万美元。他在担任某公司的销售经理时，因为一些居心不良的人士到处散布该公司发生财务危机的谣言，使公司内部员工的士气大大地低落，工作热情大大地削减，最终导致整个公司的业绩也开始下滑。

因为情况极为严重，威廉为了挽救局面，不得不召开一次大会。在会议刚刚开始的时候，他首先请业绩最好的几位销售员站起来，要他们说明一下近来公司销售量下滑的原因。这些销售员一一都站起来，不是将原因归咎于经济不景气，就是不停地埋怨公司广告部的宣传不到位，再不就是近来市场上消费者对产品的需求量削减。

听完他们的抱怨之后，威廉突然站起来让大家肃静。然后接着说："停，会议暂停十分钟，我现在要把我的皮鞋擦得亮些。"

接下来，威廉就将公司附近的一名小鞋匠带到会议室中来，开始给他擦皮鞋。所有在场的人员都不明白这是何意。

那位小鞋匠利索地仅用了两分钟时间就将他的皮鞋擦得锃亮，表现出了极为专业的擦鞋技巧。

等皮鞋完全擦亮后，威廉就递给小鞋匠一美元，然后开始重新发表他的演说。他对所有的人说："我希望你们每个人好好看看这位小鞋匠，他每天都要擦上百双皮鞋，可以为自己赚取足够的生活费，并且每月还可以存下一些钱。他曾经告诉我，他已经将擦鞋的工作当成了一项艺术来做。

同他在一起的还有另一位小男孩，年纪要比他大些。比他大一点的这个男孩每天都很尽力，但是，仍然无法赚取足够的生活费。现在，我想问你们一个问题，那个大男孩拉不到生意，是谁的错？他的错还是顾客的错呢？"

"当然是那个孩子的错。"大家异口同声地说道。

"当然没错了！"威廉回答，"现在我要告诉你们，这个时候与一年前的情况是完全相同的，同样的地区、同样的对象以及同样的商业条件，你们的销售业绩却远远比不上去年，这到底是谁的错？是你们的错还是顾客的错？"

全体推销员都站起来，又发出雷鸣般的回答："都是我们的错！"

威廉说："我极为高兴你们能够坦率地承认你们的错误，现在我要明确地告诉你们错误在哪里。你们一定是听到了公司财务发生问题的谣言，才动摇了你们的销售理想，影响了自己的工作热情。不是由于市场不景气，而是你们的推销工作不如以前那样卖力了。现在，只要你们回到自己的销售区去，并保证在30天内提高自己的销售业绩，公司就绝对不会出现财务危机，你们能够做得到吗？"

"做得到！"几千名员工一起大声地喊起来。最终，他们果然办到了，还使公司的业绩突破了历年来的最高纪录。

一位哲学家说："人来到这个世界上，做任何事都要全力以赴。哪怕是最为卑微的职业，只要你全力以赴，也能做到最好。"像故事中的小鞋匠那样，舍弃慵懒，将擦鞋当作一项艺术来做，全身心地投入进去，内心便不会感到迷惘，也就能远离一些消极的情绪了。如果我们每个人都能够全身心地投入到自己的工作中去，即便你的能力一般，也可以取得最好的成就。

任何时候，我们的热情是完全掌握在自己手中的，只要我们时刻用一颗热忱的心去面对生活，对待自己的事业，就能够发挥自己生命里的潜在能量，从而真正实现人生的成功一跃，拥有美好的未来。

4. 舍弃偏执，善于借用他人的智慧

智者都善于从别人身上吸取能量补充自己，能够借助他人之力成就自己。一个能够舍弃偏执，善于借助他人力量的企业家，是一个智者。在自身力量还没有足够强大的时候，借助他人的力量，是走向成功的捷径。

一个人，无论能力有多强，其智慧和力量都是有限的。在自身力量还不够强大的时候，舍弃偏执，善于借助他人的力量和智慧，取长补短，为我所用，才能加快成功的步伐。

要知道，在商场中打拼，自己单打独斗是不大可能的，必须要依靠团队的力量，借助他人之力实现自身的目标。帮助你的人越多，就像往火中添柴般，越烧越旺。

成功的人之所以能取得成功，除去环境、机遇与个人等因素外，善于利用他人的智慧，与他人合作，是极为关键的因素。纯粹意义上的赤手空拳打天下、白手起家是不存在的，也是不现实的。任何人都是合作的对象，合作的范围越广，合作的境界越高，生存的空间越大，获取的能量就越大。

一位小男孩在沙滩上堆沙子，他身边有一大堆的玩具：小汽车、塑料货车、塑料水桶与小铲子。他认真地用这些工具"修筑公路和隧道"，在隧道的挖掘过程中，他挖到了一块石头。

小男孩开始有些着急，企图将它从泥沙中弄出去，但岩石相当巨大。他手脚并用，用尽了力气，但是岩石却纹丝不动。男孩用手使劲地推、用脚蹬，还将岩石左摇右晃，一次次地向岩石发起冲击。但是，每次刚将岩石搬动一点点的时候，岩石便又在他稍微放松时滚回原地。小男孩气急了，使出吃奶的力气猛烈地推动，但他得到的唯一回报便是岩石滚回来将手指挤出了鲜血。最终，他筋疲力尽，一下子坐在沙滩上哭了起来。

这个情况被小男孩的父亲看到了，亲切地走到他的面前，温和而坚定

地说道："儿子，你为何不用所有的力量呢？"男孩哭着说道："爸爸，我已经完全尽力了！"

"不对，"父亲亲切地纠正道，"儿子，你并未尽你所有的力量，你没有请求我的帮助啊。"说完之后，父亲则弯下腰，抱起岩石，将岩石扔到了别处。

很多时候，当我们面临问题，无力去完成一件事情的时候，与其苦苦追寻而不得，不如向旁边的人求助，借用他人的智慧，问题便可以迎刃而解。

关键时候借用他人智慧，可以让你的决策更为完美和完善，提高成功的概率；关键时候，如果能得到贵人的相助，便可以救你于危难时刻，为你力挽狂澜，助你走出困境。

巴菲特之所以能够成功，除了因为他拥有独特的眼光、独特的经营理念与不败的投资经历之外，更重要的在于本杰明·格雷厄姆的倾心扶持。

原本在宾夕法尼亚大学攻读商务管理的时候，为了能学到真本领，巴菲特曾经费尽周折转学到哥伦比亚商学院，拜师于著名的证券分析师——本杰明·格雷厄姆。大学毕业之后，巴菲特毅然放弃了待遇优厚的工作，不计报酬地继续跟随格雷厄姆学习投资知识，在自身的不懈努力之下，终于从老师那里学到了投资的精髓。最终，巴菲特创办了自己的公司，并获得了极大的成功，被人们誉为投资界的"股神"。

一个人之所以一事无成，只是没能将自己身后的资源兑换出去。我们如果能将身边的陌生人经营成我们的助力，也就铸就了"振臂一呼，应者云集"的大成人生。

总之，善借他人之智是成就大事的有用技巧。任何时候，我们都不要幻想自己有三头六臂，个人单枪匹马独闯天下的时代早已经成为过去。从现在开始，伸出你的合作之手吧，调动一切可以调动的资源为我所用，这正是我们解决困难、走向成功的最好方式。

5. 斩断自己的退路，才能更好地赢得出路

克服困难，最重要的不是要克服"难"，而是要摆脱"困"。在"难"来的时候，你若缺乏积极的心态，就会被"困"在原地，那么，"难"自然就来临了。如果你拥有积极的心态，能突破"困"，勇于斩断自己的退路，大胆向前，"难"自然也就"不难"了。

在商场中，每个人都不可避免地会遇到各种各样的风险，在风险来临时，我们一定要勇于舍弃懦弱、保守和恐惧，要拿出背水一战的信心、勇气和决心，才有可能会转危为安，走向成功的顶峰，否则，你面临的只有死路一条。被传为佳话的"背水一战"的史例就足以说明这一点。

楚汉战争中有"军事奇才"之称的韩信曾经率数万新招募的汉军越过太行山，向东边攻打赵国。成安君陈余集中 20 万兵力，占据了太行山以东的咽喉要道——井陉口，准备迎战。在井陉口以西，有一条长约 100 里的狭小通道，两边是山，道路极为狭窄，韩信带兵必须要经过那里。

当时赵军的谋士李左车献计说：正面死守不战，派兵绕到后面去切断韩信的粮道，将韩信困死在井陉的狭小通道中。陈余则不听，说道：韩信只有几千人，千里袭远，如果我们避而不击，一定会让对方笑话的。

韩信得知消息之后，迅速率领汉军进入了井陉狭小通道，在距离井陉口 30 里地的地方扎下营来。半夜中，韩信就委派 2000 轻骑，每个人带一面汉军的旗帜，从小道迂回到赵军大营后方埋伏，韩信告诫说：交战时，赵军见我军败逃，一定会倾巢出动，不停地追赶我军的，你们火速冲进赵军的营垒之中，拔掉赵军的旗帜，竖起汉军的红旗。其他的汉军简单吃了些东西后，马上就向井陉口进发。到了井陉口，大队渡过绵蔓水，背水列下了阵势，高处的赵军远远地看到了，都在笑话韩信。

天亮之后，韩信设置起大将的旗帜和仪仗，率众开出井陉口。陈余则率领全军蜂拥而出，说要生擒韩信。韩信则假装抛旗弃鼓，逃回河边的阵地。而陈余下令赵军全营出击，一直逼近汉军的营地。汉军在无路可退的

情况下，个个都奋勇无比，拼死求胜。在双方厮杀半日之后，赵军仍旧无法获取胜利。当赵军退回营垒时，才发现自己的大营中全是汉军的旗帜，队伍开始大乱。最终，赵王被俘。

陷之死地而后生，置之亡地而后存！古今中外成大事者，都具有这种将自己置之死地而后生的精神。从某种意义上说，这也是给了自己一个向生命高地冲锋的机会，给了自己一个成为强者的机会。

在商场中，有一些人一生都碌碌无为，是因为他们永远都安于现状，不敢挑战自己，永远不知道自己的潜力有多大，永远不知道是否有个更好的明天。行为学家将害怕改变、安于现状的心态称为"稳定的恐惧"，意思是说，因为害怕失败，所以恐惧冒险，结果"观望"了一辈子，始终得不到自己想要的东西。要想成功，就要勇于舍弃稳健，在任何时候都要有背水一战的勇气和破釜沉舟的决心才行。

据科学家证明，人在危及自己生命的险境中，身体中会分泌出大量的肾上腺素，可以激发人无尽的潜能，可以促使人跑得更快，跳得更高，力量也会更强，从而做出惊人的壮举。当人处于顺境或宽松的情况下，是不可能突然爆发出这种惊人的潜能做出惊人的成就的。所以，要成功，就一定要敢于将自己置于险境之中，有背水一战的勇气和破釜沉舟的决心。

中国古代军事家孙武曾说"置之死地而后生"，这句话被历代兵家政客或文人学者奉为行事箴言。的确，在这句话的指引下，李靖横扫吐谷浑，纳尔逊大败无敌舰队，英勇的志愿军战士在上甘岭顶住了数倍于己的美军强攻。

如果凡事因惧怕危险而畏首畏尾，则永无出人头地之日。唯有勇于冒险、敢于创造挑战，方能使事业飞黄腾达。为此，我们在商场中，必须要具备背水一战的精神和勇气，这样才能凭着一鼓作气的士气与不成功便成仁的意志，不断地采摘成功的果实，闯出属于自己的一片天地。

人的潜力是无限的，只要勇于挑战，就能产生一种超乎常规的力量。背水一战、破釜沉舟，就是不断给自己加码，也就是在跟自己竞争。没有一件事比尽力而为更能满足你，也只有这个时候你才会发挥出最好的能力。这会给你带来一种特殊的权利，以及一种自我超越的胜利。

6. 勇舍"过去"，别让痛苦羁绊了你的步伐

行走在人生旅途，我们触摸的是多棱的生活，无须为艰难哀叹，为挫败悲语；不必为虚无动情，为沉沦失声。命运总有幸运与不幸，勿被顺境捆绑了脚步，勿被厄运颓废了精神。其实，站得越高，你的阴影越长；越是暗夜，就越接近光明。只要不停地校正前行的方向，我们就不会迷失自己。

在商场上摸爬滚打，难免会遇到挫折、失落和失败的痛苦，很多人总是以各种各样的形式，将自己隐藏在过往的光阴中，完全沉浸于过去的不幸和痛苦中，给人生蒙上一层悲观的阴影，一味地沉溺于过往中，分散你当下的注意力，阻碍你前进的步伐。其实，我们无须拿过去的哀伤与卑微惩罚自己，让自己失去永远向前的机会，毕竟过去已经一去不复返了，此时此刻才是活力的源泉，只有好好把握当下，才有可能在未来用努力洗清过往的耻辱，抚慰过往的伤痛。

人的一生是一次漫长的旅行，所有眼前的事情，在时间的长河中都会显得极为渺小，真正值得你去做的不是缅怀过往，而是重新开始继续创造你的未来，这才是最有意义的。

对于过去的伤痛和挫折，我们要坚信：从挫折发生的那一刻起，我们就舍弃了过往，我们就要将过往从自己的记忆中永久地删除，这样才能够眺望前方，看到远方的希望。只要风雨兼程，勇往直前，最终会换来属于自己的一片晴空的。

一位 60 岁的老妇人，正值花甲之年，应该是享清福的时候，然而，她却遭受了平生最大的苦难。丈夫突然去世，让她精神饱受折磨。当她正沉浸在丧夫之痛中时，接下来的打击更是让她的精神几近崩溃。首先是她的几个子女为遗产继承问题闹得不可开交，而且相互之间还大打出手。接着是丈夫生前所经营的公司倒闭，欠下了一大笔债务。为了还债，她只能卖掉家中所有值钱的东西。这一系列的不幸，让她每天都郁郁寡欢，她不知

道自己以后怎么走下去。

她每天都自言自语道：我已经 60 岁了，我已经 60 岁了！每个人都清楚，她是在为自己的未来担心。为了生活，她必须到外面找一份工作，但是当这个念头冒出来的时候，她自己都震惊了：哪里会雇佣一位老妇人呢？即便是有人愿意，一位 60 岁的老妇人能干些什么呢？年纪这么大了，谁愿意相信她并且给她一份工作呢？

她每天都担心别人嫌她太老，担心因为动作迟缓而不愿意雇佣她……这一系列的担忧，让她每天茶饭不思，多数时候还会怀念丈夫在世的岁月。因为怀念而生悲痛，让她痛不欲生，久而久之，贫穷、疾病和孤独等全部被请进了大门。

她只好住进医院，医生了解到她的情况之后，就对她说："你的病是因心而生，需要长时间地住院治疗才行。但是，你又没多少钱，我看这样吧，从现在开始，你可以选择在医院做临时工，以赚取一些医疗费用。"

她就问道："我能够做什么呢？"医生说道："你就每天打扫病人的房间吧。"

于是，她就开始手握扫帚，每天都不停地忙碌。慢慢地，她内心就恢复了平静：反正没有比这个更好的活法了，而且就自己目前的状况来说，别无选择。她开始不停地忙碌起来，每踏进一间病房，就会目睹一次他人的病痛与折磨，心也就开始豁亮一次。因为她觉得自己是所有病人当中情况最好的。慢慢地，她也无须担心什么了，因为实在太过忙碌了。对于她来说，烦恼和担心反而成了一种奢侈，因为那是闲暇时间才会发生的事情。

就这样，她用一个月的时间彻底驱散了心理和生理的病魔，接下来，她最需要解决的就是贫穷问题。为此，当医院让她"出院"时，她又一度陷入焦虑之中，她不知道自己出去还能干什么。于是，她诚心地说服医院让她留了下来。她就在医院保洁员的岗位上又待了三年时间。因为经常接触病人，她对病人的心理很是了解。三年以后，她就被院方聘请为心理咨询师。心魔、病魔、孤独彻底离她而去，贫穷也开始向她挥手告别，她没想到自己在垂暮之年，人生还能再次散发光亮。

在她65岁那年，她用自己的"行动"获得了医院近一半的股权。她的办公室中有这么一句话："昨天的痛，已经承受过了，有必要反复去兑现吗？明天的痛，尚未到来，有必要提前结算吗？只要肯用行动充实每一个'今天'，并能够勇敢向前，机会就会在柳暗花明间。"

沉溺于过往的痛苦和哀伤中不能自拔，会使你远离自己真实的心灵，将自己囚禁起来。如果你对过去的一切感到遗憾，那么你就忽略了"当下"的时光，拒绝承认自己是强大的未来的创造者。

当然，我们说不要活在过去的时光中，并非让人完全地忘却过去，而是让人远离痛苦，从过去的失败中吸取经验教训，切勿沉溺在过往的时光之中。切勿让过去分散你的精力，阻碍了你前进的步伐。拿破仑曾说过：承认自己的无能就是选择了失败，这种人往往只会逃避生活，一事无成会是他们必然的结局。

生活中永远只有两种人：强者与弱者，如果你认为自己的过去、现在注定只能成为一只老鼠，那么最后的结果只有一个，就是成为猫的食物。而永远不向生命妥协的人，最后一定能够厚积薄发，成为一只雄鹰。

7. 人弃我取，勇创新路

取和舍也是人生的高等智慧，取舍与选择之间，最关键的是对价值的判断标准问题。一个人的成功取舍应该有预谋的，但是在整个行动过程中，我们应该不断地分析手头的数据，果断地调整自己的战略。

白圭是战国时期一位著名的经济谋略家和理财家。在很早的时候，他就提出了农业经济循环说，即农业的丰收和天时有关系，认为12年为一个周期，开始的第一年是大丰收年，此后的两年则是衰退期，第四年是干旱期，再两年是小丰收，第七年又是大丰收年，此后两年又衰退，到第十年则又干旱，随之是两年的小丰收，到下一年重新又开始一个新的周期。根据上述的思想，白圭就提出了一套经商致富的原则，也就是所谓的"治生之术"，主要原则为"乐观时变"，主张根据丰收歉收的具体情况实行"人弃我取，人取我予"。当时的贸易形式是以货易货，白圭却能够根据当时的市场行情，准确地把握市场行情，在他人觉得"多余"大量地抛售时，他就大量地吃进；而等他人缺少货物需要吃进时，他就开始大量地抛出，这样低进高出，必然能够从中获取利润，积累到更多的财富。

人弃我取，是一条高明的经商策略，在事业起步阶段，我们可以灵活运用，以达到巧妙致富的效果。

在一个炎热的夏季，在沈阳街头流传着这样一个故事。

有兄弟两人和妯娌俩同时筹集了两家人的全部积蓄，经海南往沈阳贩卖西瓜。在当时，沈阳市场的西瓜极为紧缺，经营者都纷纷奔赴海南购买西瓜，都想大赚一笔，这是一个极佳的机遇。

然而，现实情况却出人意料，当兄弟两人把西瓜从海南贩运到沈阳之后，沈阳市场上的西瓜则是堆积如山，兄弟俩喊破了喉咙也卖不动。最终一算账，连本钱都没能够赚回来。于是哥俩都绝望地说道："今后，死也不做这种长途贩运生意了。"

但是，妯娌俩却没被眼前的困难吓倒，她们又筹集了一大笔资金，不顾众人的劝阻，二下海南。这一次，当她们把西瓜运回来之后，市场上当天也只有她们俩的西瓜，客人很多，西瓜一下子就被人抢光了，不但弥补了上次的亏损，还获得了一万多元的利润。

有人问她们当初赔了那么多钱，为何还要去海南贩运西瓜呢？妯娌俩这样说道："第一次，市场上缺西瓜，我们去贩运的时候，很多人也去贩运了，又都是那两天到货，货物一多，价格就降下来了。而在我们赔钱的时候，别人也照样赔钱，就如他们哥俩那样，害怕再赔钱。正是在这个时候，我们把西瓜运过来，市场却只有我们一家，价格自然就上去了。"

妯娌俩的成功，就在于她们能够灵活地运用"人弃我取"的智慧，看到了停滞的市场行情背后的盲点，二次贩瓜，一举成功。在事业起步阶段，我们也要灵活地运用这种智慧，迈大步，敢迈步，一举获得成功！

"人弃我取"，这种剑走偏锋的险招往往能出奇制胜，但它的前提应该是有洞观全局的眼光和成竹在胸的信心。否则，这种便宜也不是好捡的。

李嘉诚在事业的起步阶段，也经常采用"人弃我取，趁低吸纳"的策略。

当年，李嘉诚曾买下旧房翻新出租；利用地产的低潮、建筑费低廉的良机，在地盘上兴建物业。在 20 世纪 70 年代初，在香港百业复兴、地产市道转旺的情况下，李嘉诚已拥有的收盘物业，从最初的 12 万平方英尺，发展到 35 万平方英尺，每年的租金收入达到了 390 万港元。

李嘉诚企业从一个中小的地产商迅速成长为地产界的巨无霸。另外，他还借助股市杠杆的神奇魔力，巧用"低进高出"的原则，创造出了一个又一个财富传奇。

在 1985 年的 1 月份，李嘉诚收购港灯企业的过程中，也是采用了这一策略。他深知作为卖家的英资置地公司急于出手减债，于是，在商谈中，李嘉诚始终沉着冷静，经过 16 小时的商议，他以比前一天股市收盘价低 1 港元的折让价，收购了港灯 34％的股权。仅此一项，李嘉诚就为买家的股东节省了 4.5 亿港元。

1986 年，李嘉诚斥资 6 亿港元，又一次采用"人弃我取"的策略，购入英国皮尔逊公司约 5％的股权。半年后抛出该股票，赢利 1.2 亿港元。

······

如此等等，举不胜举。李嘉诚在企业的扩张阶段，巧用"人弃我取"的策略大肆扩张，风险当然是巨大的，但李嘉诚却能运作自如、绝少失手，主要是他深谙"人弃我取"的制胜法宝，他说道："天文台说天气很好，但我常常会问自己，如果五分钟后宣布十号台风警报，我会怎样。在香港做生意，就要保持这种心理准备。"就是预先摸清楚市场动向，然后，在人们都舍弃的时候，勇于收进，一举成功。

现实中，聪明人都喜欢追寻热点，哪里的热度高往哪里钻，希望能够在热点之中分一杯羹。但是真正聪明的智者，却会将自己的眼光投向无人问津的地方，寻找市场空白点，勇创新路，一举获胜。

要做到"识人之弃"，主要可以从以下三个方向努力。

第一，勇于改变"鸭子过河随大流"的旧有的观念，树立起独立自主不跟风的全新的观念；

第二，要有冷静的头脑和平静的心态，当市场上出现"一哄而上"的情势时，能够稳住脚跟，冷静地观察，不与众多强手争同一块蛋糕；

第三，拿得起，放得下，善于守拙。化不利为有利，走出一条新路。

人弃我取，需要勇气，需要胆略，更需要眼光。只要你独具慧眼，相信任何东西都能为你所用。

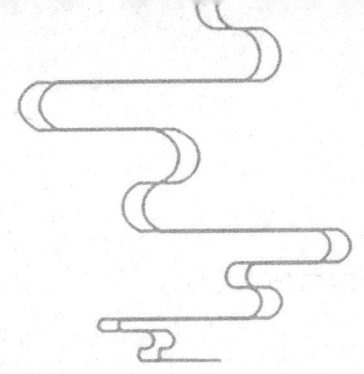

第八章

情感密码，舍得是朵解语花

婚姻是人生中极为重要的一个方面，婚姻是否幸福决定了一个人是否幸福。所以，我们必须要好好地经营自己的婚姻。在婚姻中，舍弃一切无谓的计较、猜疑、挑剔、争执，得到一个幸福的家庭。舍弃看起来是为对方，实际上是为自己，也是为家庭。肯于舍弃的人才会在婚姻中收获幸福，懂放下的人才能在感情中获得解放。

1. 只有懂得给，才能有所收

　　两人之间的爱，不需要猜测心意，不需要担心行踪；不害怕在无意之间激怒，不怀疑做任何事情的动机。两人之间的爱，有一点牵挂，却不会纠缠，有一点想念，却不会伤心。爱情要学会简单，简单就会有长久的幸福。

　　莫西·孟德尔松是德国最著名的作曲家的祖父。他的外貌很是丑陋，除了身材矮小外，还有驼背的毛病。

　　有一天，他到一座城市中去拜访一个商人，这个商人有个心爱的女儿名叫弗丽，莫西不可救药地爱上了她，但是弗丽却因为他畸形的外貌而拒绝了他。

　　到了必须要离开的时候，莫西便鼓足了所有的勇气，到弗丽的房间，想把握住最后的机会向她求爱。弗丽是个漂亮的女子，有着天使般的面孔，因为莫西长得丑陋，她从不正眼看他，这让莫西很是难过。

　　经过多次试探性的沟通，他害羞地问："你相信姻缘天注定吗？"

　　弗丽眼睛盯着地板，答了一句："相信。"然后又反问他："你也相信吗？"

　　他回答说："我听说，每个男孩子在出生之前，上帝便会告诉他，将来娶的是哪一个女孩。我出生的时候，未来的新娘便已经许配给我了，上帝还告诉我，我未来的新娘是个驼子。我当时就祈求上帝说：'上帝啊，一个驼背的女人将是个悲剧，求你把驼背先赐给我，再将美貌留给我的新娘。'"

　　当时，弗丽看着莫西的眼睛，将手伸向他，之后成了他最挚爱的妻子。

　　正是因为莫西真诚的付出，最终才获得了弗丽的芳心。这个故事告诉我们，在得到之前，先学会付出，这是求得和经营爱情的重要法则之一。生活中，每个人都想获得另一方的爱，尤其是女人，总是幻想着能从男人那里获得公主般的待遇，要求男人的一切行动都要以自己为中心。然而，在现实生活中，不是所有的男人都能够扮演好王子的角色的，他们也想宠爱你，但是他们的承受能力不是无限的。你一味地向他"索取"爱，当有一天，被你压榨得喘不过气来的时候，他便会选择逃离。

张倩是个漂亮的女孩子，身材好，工作也好，但是今年32岁的她却仍旧孤身一人。她曾经谈过几次恋爱，但都因为"不懂付出而只顾索取"被男友抛弃。

原来，张倩因为自身条件好，时常将自己想象成举世无双，童话般完美的公主，认为全世界的男人都会为她的旷世风采而拜倒在她的石榴裙下。在与前几个男友交往时，语言显得十分骄横，经常用命令的口气去要求男人。

与男友约会时，必须要求对方提前到，她则可以毫无理由地迟到一个小时；逛街时，将男友看成一个纯粹的"小时工"帮她提包包或者拿购物"战利品"；在外面走累了，会双手拉着男友的手不肯再走，骄横地让男友背；看到虫子、蟑螂等小动物，会吓得尖叫，要求男友一定要打死它们；遇到重大决定时，总是依赖于男友拿主意，而一旦决定错误，又会不停地埋怨"你怎么这么笨，都是你的错！"当男友专注于一件事情，不希望被别人打扰时，她的好奇心就大发，忍不住过来凑热闹；总喜欢睡懒觉，无论多忙或有多么重要的事情要做。总之，任何行为都是以自我为中心，完全不顾对方的死活。

同时，张倩的脑中根本没有钱的概念，想花就花，信用卡、银行卡经常被她刷爆，并且还认为男人为自己花钱是天经地义的事情。她自己也十分地娇贵，很讨厌与一堆人去挤公交车，还经常会抱怨男友为何没有车；购物时，也只钟爱名牌，出去吃饭只去那些奢华的餐厅，常会向男人炫耀自己以前的"大牌"经历来暗示男人对她不够大方。总之，在爱情中，她总是以自我为中心，只懂得索取，不懂得付出，几个男友皆因无法忍受她骄横的性格而向她提出了分手。

要知道，在爱情中，无论对方有多爱你，都要懂得感恩，学会付出，不能一味地索取，否则，伤了对方的自尊，让对方无法忍受，那么，你的爱情可能也走到尽头了。就像故事中的张倩一样，她的男友不是王子，但很可能也很想去宠她，但是她却总以高姿态的"公主"去对他们发号施令，一味地索取，再爱她的男性也会被她"吓"跑。

在爱情中，每个人都渴望被宠爱，男人也一样。记住没有任何宠爱是天经地义的，每一份宠爱都值得你去好好地珍惜，想要受宠天长地久，就应该主动地理解一下对方并适当地回馈给他们宠爱。爱都是相互的，宠也一样，要想获得更多，首先要懂得尊重和付出。

2. 想抓住爱，先经营好自己

爱，不只是彼此的吸引，也不只是客观条件的合适，是需要两个人共同努力，向同样的方向一起前行。唯有这样，双方才会长久地走下去，而不是在时间的洪流中，渐渐地变成亲情。爱不是彼此凝视，而是一起注视同一个方向。

黄珊是个快乐的小女人，丈夫经常在外地为事业打拼，黄珊虽然经常独自一人在家，却能将自己的生活打理得有声有色。

黄珊一个人在家时，就安静地看书。有时候还会流连美味的餐厅，也会在路边咖啡厅中静坐良久，看街上人来人往。

同时，她也有很多男性朋友，有企业家、社会名流、文化精英。她经常与这些男性朋友喝茶聊天，这些优秀的男性朋友开阔了她的眼界，丰富了她的头脑。

在闲暇的时候，她还经常一个人背着包，到很远的地方去旅行，让她的人生丰富起来。在婚姻关系上，她似乎一点也不紧张她的丈夫。丈夫年轻帅气、知识渊博，为人风趣幽默，再加上事业越做越大，周围自然也会有许多女人围着他转。经常有漂亮的女人给他发暧昧短信，甚至有女人直截了当向他表白。她的闺密问她："你难道不害怕有一天你的男人被别的女人抢走吗？"她回答："他从来都不是'我的'，他是他自己的。如果他一生都爱我，我当然高兴。如果有一天，他真的跟我离婚，我也应该高兴才是，因为我也不愿意和一个不爱我的人一起生活。"

在工作中，黄珊还是丈夫的得力助手，正因为有了她的帮助，丈夫的事业才蓬勃发展。丈夫有时在工作上遇到困难，打电话给她，她就会以旁观者的身份三言两语地将问题分析得清清楚楚。丈夫的很多商业伙伴，都是黄珊帮忙找来的。

有一次，黄珊的丈夫有一笔业务怎么也谈不下来，于是，黄珊组织了一次酒会，邀请对方来参加。酒会上，她很自然地引领丈夫畅谈他最擅长的话题，自己则不停地在一旁推波助澜。她把自己藏起来，让丈夫脱颖而出。客户意外地发现了丈夫的另一面，而这一面正是他所欣赏的，这笔业务很顺利地拿下了。

每当谈及黄珊，丈夫也不掩饰他的骄傲，他说是她让他飞得更高更远，使他拥有今天这么庞大的事业。有时候，工作的烦琐让他觉得自己像被绳子捆住了一般，但是只要跟妻子在一起，就会有从绳索中飞出来的感觉。

要想抓住爱，首先要经营好自己，这是保持长久婚姻和爱情的秘方。就像黄珊一样，把自己的生活、工作打理得井井有条，才能不断地使自身增值，增加自身的魅力，从而更长久地守住爱情。

在两性关系中，如果一个人不懂得经营自我，那么，就会认为对方是属于自己的，就很容易失去对另一方的尊敬和礼貌。随之而来的反应就是会去告诉对方，你应该做些什么，应该怎么去生活；更有甚者，会认为他就应该听从自己的指挥。只要你认为你的伴侣为你付出是理所当然的，这样的爱情和婚姻都不会长久，因为没有人喜欢被控制。多数人结婚是为了寻找一个人来依附，使自己的人生更为完整，而懂得经营自我的人，其婚姻的目的不是找一个令其完整的伴侣，而是找一个可以与对方分享自己的完整的人。尤其是女人，如果懂得经营自己，那么，她就会像陈酿的酒一般，随着岁月的积累，会越发香醇。正如香奈尔所说：女人这一生最大的事情就是经营自己。如果没有这个意识，随着岁月的流逝你很快就会贬值被替代。

其实，一份成功的事业、一个幸福的家庭都是悉心经营的结果。在工作中，我们会努力付出，期望能得到上司和领导的认同；家庭中，我们会费尽心思让自己的爱人或孩子过得舒心。当你在经营你的家庭和事业的时候，首先要学会经营好自己。因为所有的这一切都是因为有了你，才变得有意义。如果没有你，一切都变得不那么重要了。所以，无论什么时候都应该把注意力放在自己的身上，要懂得经营好自己，这是保持婚姻和爱情长久的基础。

3. 舍弃控制，经常给爱放放风

爱情就像握在手里的沙子，你抓得越紧，它便溜得越快，松开了，它便留住了。拼命对一个人好，生怕做错一点对方就不喜欢你，这不是爱，而是取悦。分手后觉得更爱对方，没他就活不下去，这不是爱情是不甘心，就像你拼命工作、努力做人，生怕别人会看不起你，这不是要强，而是恐惧。唯有舍弃控制，经常给爱放放风，才能让爱情常保鲜。

一个正处于恋爱期的女孩子问她的母亲："我已经和男友相处五年了，刚开始觉得很甜蜜，但后来却变得越来越沉重了，直到前几天，我向他提出结婚，却被他拒绝了，而且还说要和我分手，这是为什么呢？"

母亲笑而无语，只是轻轻地从地上抓起一把沙子，沙子全部都盛在她微微凹陷的手心里，一粒也没有掉下，然而，当母亲慢慢地蜷缩手指的时候，沙子则从她的手心中掉落了。当母亲再次摊开手掌的时候，手心中的沙子已经所剩无几了。

随后母亲告诉女孩：爱情就像捧在手中的沙子一般，你不抓紧它，它就是圆圆满满的，不会撒落。一旦抓紧它，就会使彼此无法呼吸，爱情就会变得扭曲，变得沉重，也很容易失去对方。就像一首歌中所唱的那样，对待爱情要坚持半糖主义，爱来之不易，要留一点点空隙，彼此才能呼吸，这也是抓紧对方的关键。

生活中，我们会听到他人这样抱怨：我已经对他付出了我的全部，为何还是得不到他的心；我为他放弃了一切，他为何还是会移情别恋呢？……许多人失去爱，并不是因为不够爱，而是因为爱得太浓，把对方抓得太紧。

刘彤是个漂亮的女孩，与相处三年的男友林枫很相爱。她为了能与林枫待在一个城市中，曾经放弃了另一个城市有着优厚待遇的工作。

刘彤觉得，林枫就是她的一切，对他已经付出了百分之百，但是时间越长，她觉得林枫对自己越来越冷淡了。

原来，每天下午只要一下班，她便会第一时间到林枫的单位门口等他，两人一同回到家中，刘彤还会主动下厨做他最喜欢吃的饭菜，星期天则会承担所有的家务。但是这些付出丝毫不能打动对方，反而让对方离自己越来越远了。

对此，林枫也很委屈，经常对朋友这样抱怨："我们不在一起的时候，想起她为我做的一切，确实让人很感动。但是只要我们在一起，我就觉得特别烦她，总是唠叨个没完。不是我不知足，我只是希望她给我一点点的空间。周末我很想和同事一起出去打打球、爬爬山，但是她非拉着我去逛商场；晚上下班回家，我只想去和几个好哥们儿喝点酒，可是她非要跟着我，一会儿不让我做这，一会儿不让我动那，真是让人太压抑了！"

刘彤的闺密劝她要懂得给对方一点空间，这样才能让他对她死心塌地。但是刘彤总觉得自己并没有做错什么，她觉得自己那样做，无非是想给对方多一点的关心和爱。

就这样，几个月后，林枫终于向她提出了分手，理由是：你给的爱确实太沉重了，令人无法呼吸，我实在是承受不起。面对如此沉重的打击，刘彤哭得很伤心，苦苦央求林枫不要离开她，最终，还骂林枫太忘恩负义，自己付出那么多，却不懂得感恩……

刘彤因为付出得太多，压得林枫喘不过气来，最终让甜蜜变成了沉重的负担。如果刘彤听从了闺密的劝告，多给林枫一些自由、一些空间，她自己就不必爱得那么辛苦，也不会让林枫逃离。

爱得太深切，就变成了自私，变成了占有，就会令彼此觉得疲惫不堪。很多人之所以失去爱情，就是爱得太自私，不给对方留空间，让对方失去了自由，使爱情成为彼此的负累。

要知道，当你对对方付出过多的爱的时候，就意味着你已抢占了男人独立的"地盘"，这个时候，原本的"付出"，也就变成了"索取"，最终让对方觉得你蛮不讲理，不可理喻，选择逃离爱情。所以，如果你想获得一份甜蜜的爱情，就要学会从容，多给对方一点独立的空间和隐私，让对方在爱情中享受自由，顺畅地呼吸。

4. 舍弃苛求，学会接纳伴侣的不完美

真正的爱，是接受，不是忍受；是支持，不是支配；是慰问，不是质问。真正的爱，要道谢也要道歉；要体贴，也要体谅；要认错，也要改错。真正的爱，不是彼此凝视，而是共同沿着同一方向望去。其实，爱不是寻找一个完美的人，而是要学会用完美的眼光，欣赏一个并不完美的人。

世界上十全十美的人是不存在的，我们无须太过苛求，否则，很难获得自己想要的幸福。

不可否认，对他人过于苛求的人，总是很"自我"，总喜欢用自己的标准去衡量别人的言行，稍与他的标准不符，他就认为那是坏习惯。殊不知，世界上许多事物的评判并非只有一个，世界也不是以你为中心的，过于苛求，只会使自己更加苦恼，也容易让他人难以忍受。

一个人过于挑剔别人，不能包容他人的坏习惯，主要是由自己狭隘的心胸造成的，心中只装得下自己，却无法容忍别人。要知道，花园因为不同的色彩才会缤纷绚丽，你只有认识到事物的多样性，以一颗包容的心去面对，才能与他人和谐相处，对爱人更应如此。

有一天，一个人满脸憔悴，神色黯然地去见一位智者。原来，这个人刚刚结婚，但是从他脸上却看不出任何新婚宴尔的喜庆。

他对智者抱怨道："我的婚姻为什么总是很不幸，我的前妻毛病很多，每天总爱唠叨，而且脾气暴躁，家里家外没有她管不到的。另外，她还特别爱花

钱，不喜欢做家务。每次总是会趴在我的腿上撒娇说，老公咱们到外面去吃吧！偶尔在外面吃一顿，我还是可以忍受的，但是，她三天两头要出去，我们为此经常吵架。久而久之，我对她厌烦至极，于是向她提出了离婚，前妻毫不犹豫地答应了。

"第一次婚姻的失败，我苦闷难当。一年过后，我想再婚，当时我想找一位能够省吃俭用，爱干净又不乱花钱的女人进门。不久之后，我的愿望实现了，朋友给我介绍了一个女孩，各方面的条件都符合我的要求。我非常喜欢她，认为这次婚姻一定能够得到幸福。于是，就满怀欣喜地将这位女孩娶进了家门。

"但是，婚后不久，我就发现我新娶的这位夫人真是太爱干净了，每天都会将家中收拾得一尘不染，我每天回家进屋后必须要先被她拽进浴室洗澡，换上家居服才能够吃饭。平时，只要说有亲戚朋友到家里来，妻子就会马上命令我和她一起大扫除，搞得我筋疲力尽。我这时候才明白，女人如果太爱干净了，可真是要人命啊！

"如果仅仅是爱干净也是能够忍受得了的，但是，妻子还爱翻我的钱包，每天要检查我的财务支出，搞得我经常囊中羞涩。每天餐桌上摆放的永远是青菜土豆，我偶尔说，咱们出去吃顿好的吧，天天吃这些，真是太倒人胃口了。而妻子却振振有词地说：出去吃，又要多花钱，我看青菜土豆就行，既营养又健康，而且还省钱……

"听了她的话，我真想一摔碗立马走人。但是，刚刚结婚又不能离婚，唉，想想都痛苦，每天都将自己压得喘不过气来！"

智者听了，淡淡地对他说："生活中，每个人都有缺点，两个生活习惯各不相同的人结合在一起，就像两只长满刺的刺猬一样，一不小心就会扎到对方。两个人生活在一起，只有相互包容，容忍彼此的缺点和不足，发现对方的优点，才能够获得最终的幸福。你的生活之所以太过压抑，是因为仅仅看到了对方的缺点，甚至在你的心中把对方的缺点和不足扩大化了，大到蒙住了你的眼睛，才让你看不到她的优点。"

其实，婚姻就像一杯原味咖啡，原味咖啡是苦涩的、极难下咽的，然而，加了奶和糖，马上就会变得香醇。幸福的婚姻也是如此，只要你在婚姻中加入爱和包容，就能够体会出幸福的味道。

世界上没有绝对幸福圆满的婚姻，幸福只是来自于无限的容忍与互相的尊重。每个人都渴望在婚姻中汲取到幸福的养分。然而，现实婚姻中的男男女女，难免会为了小事闹矛盾、争吵，但是，如果你能以宽容的心态对待对方，那么，幸福便不会打折扣了。

5. 相濡以沫，不如相忘于江湖

世界上只有两种可以称为浪漫的情感，一种叫相濡以沫，另一种叫相忘于江湖。我们要做的是争取和最爱的人相濡以沫，和次爱的人相忘于江湖。也许不是不曾心动，不是没有可能，只是有缘无分、情深缘浅。只是，我们爱在不对的时间。错了，就去找新的路，纠缠或留恋，都不是好的方向。如果不能相濡以沫，那就相忘于江湖吧，你会遇到更好的幸福。

固然，人生最痛苦最难做到的就是忘情，人之所以活着，大都依靠人情的维系。人是情感的动物，古人说："无情何必生斯世，有好终须累此身。"有你我就有感情，有感情就会有烦恼，有烦恼就会有是非，有是非就会有痛苦。因情受苦，忘情更难。人生是非常痛苦的，"不如两忘而化其道"。善也不住，恶也不住，把是非善恶毁誉都"化"掉，那就可以"相忘于江湖"，相忘于天地了，也没有觉得人生不人生，连生死都忘了。

一条江河中的水干涸之后，有两条鱼因为未及时逃掉，被困在了陆地上的小洼之中。它们朝夕相处，动弹不得，互相以口中的唾沫去滋润对方，忍受着对方的吹气，忍受着一转身便擦到各自身体的疼痛。此时，两条鱼便开始缅怀它们昔日在江河中自在畅游、嬉戏的快乐。虽然这种方式极为感人，但是却没有任何意义。与其在一起都死掉，还不如愉快地跳进大江大湖之中，即便是彼此形同陌路，也要比当前的情况好上百倍。

两条鱼的感情很动人，也很高尚，然而对于它们来说，最好的情况却不是用死亡来相互表达忠诚与友爱，而是自由快乐地遨游在大江大湖中，哪怕彼此之间谁都不认识谁。其实，这是一种极为达观的人生态度，相忘于江湖则是另外一种坦荡和淡泊的境界。这告诉我们，对于感情，不可强求，要顺其自然，两人与其在一起痛苦，不如潇洒分开，相忘于江湖。

有这样一个故事。

枫和兰恋爱五年了，兰一直以为他们可以相爱到天长地久，海枯石烂。可是，就在兰憧憬他们未来的幸福生活时，枫却向兰提出了分手。一时间，兰顿时觉得自己的天塌了，她彻底崩溃了。兰就跑到男孩的单位质问男孩为什么，男孩只是简单地说不爱了，说他们彼此在一起太累了。

兰很是伤心，每天都以泪洗面，她还是不愿相信两个人的感情就这样没了。于是，经常给枫打电话，诉说她对他的思念之情，男孩很烦，但是女孩依然不放弃。

到后来，枫很快就开始了一段新的感情，并没有将兰的悲伤放在心上，兰很是伤心，到枫的单位大叫大骂。

不是每一朵花都能够如期地开放，也并非每一朵开过的花都能结出果实来。对于感情来说，当你爱一个人而得不到回报的时候，在你付出千般努力也无法得到一个许诺的时候，在你因爱而受伤的时候，千万不要再继续与自己较劲了，要学会放手，学会忘记，给彼此自由。这样才能够在对方面前保持起码的自尊，才能让爱成为生命中永恒的美丽。

我们要知道，生命的灿烂与辉煌并非只有一个地方拥有，只要你能够释然一些，勇于放下过去，用一颗感恩的心去看待过去并希冀未来，你终究会看到别样的风景。天涯何处无芳草，人间自有真情在，自己的柔情一定是会有人读懂的。既然双方都疲惫了，不妨让彼此都休息一下，千万不要在自己失去感情的同时，也失去了自尊。这时候，你还可以静坐下来，抬起头看看天空，看看绿树，再洗把脸，听支歌，读一段小诗，梳梳头发，照照镜子，看看里面的那双眼睛是不是还过于炽热。告诉自己：你其实根本没有失去什么，那个人根本不属于自己。

人生的风景并不是只有一处，在你为逝去的美景哭泣的时候，眼前可能是一幅更美的画卷。不要沉醉于过去的情感，失去了意味着这段情感不适合你，一段更好的感情正在等待你。不回过头，你怎能看到眼前的美景？不忘记过去，你怎么会迎来新的爱情？

人生犹如一部戏，我们每个人都是戏里的主角，每个人都不可能把自己的角色演到极致，而不留一丝遗憾，没有遗憾的人生不是完整的人生。忘记过去，还给彼此自由，让彼此生活得更好，这才是一段真正完美的感情。所以，当你被某些事情缠绕得心力交瘁的时候，一定要告诉自己：只有学着忘记，才能重获快乐和自由！

6. 放下过去，才能拥抱幸福

过去的一页，能不翻就不要翻，翻落了灰尘会迷了双眼。有些人说不出哪里好，但就是谁都替代不了！那些以前说着永不分离的人，早已经散落在天涯了。收拾起心情，继续走吧，错过花，你将收获雨，错过这一个，你才会遇到下一个。

恋爱中的男女，总有这样的一种习惯：总是盯着爱人的过去不放，总是追溯爱人的过去做过什么，和什么样的人谈过恋爱。当知道真相之后，自己便会变得暴跳如雷，甚至还会让对方的"过去"苦苦折磨自己，即便是过去很久的事情。

也许有的人觉得：我这么做，是因为我爱他！可也正是因为这份"独特的爱"，让你自己陷于苦闷不能自拔，更让这份感情摇摇欲坠。

其实，在这个世界上，不管是谁，都有属于自己的感情世界，这是任何人都无法抹去的事实。即使你如何不高兴，往事毕竟只是人生中的过眼云烟，你并不能追溯到过去阻止这一切。倘若你总是纠缠于此，反而会让另一半觉得你是个不讲道理的人，感情出现裂痕。

柳红和慕岩刚刚结婚就搬进了新房，两人很是高兴，每天都在为新家添置东西忙碌着。

有一天，柳红在家中收拾衣柜的时候，发现了丈夫上大学时的日记本，不由得十分好奇，便随手翻阅了起来。上面不仅记录着丈夫和他初恋女友的事情，而且还贴着十分亲密的照片。尽管是过去很久的事情了，但还是让柳红愤怒不已，打电话和慕岩大吵了一架。

从此之后，柳红仿佛有了"法宝"，她总是有事没事地找慕岩吵架，并且吵架的时候还把他之前的事情拿出来大加讽刺。这让慕岩忍无可忍，几次都想离家出走。

其实，柳红也知道，这样做很不好，但她仍旧无法控制自己，因为经常与慕岩闹矛盾，白天无心工作，晚上也睡不着觉，每当想到丈夫的过去，就会浑身难受。

一个月后的一天，柳红因为一件小事情与慕岩大吵了起来，其间，她又提及了丈夫的"过去"。终于，慕岩再也无法忍受了，大声喊道："够了！难道你每天都活在十年前吗！算了，咱们离婚吧！你就永远活在那本日记里吧！"说完，他愤怒地穿上了上衣，走出家门，几天也没有回来。

一开始，柳红以为丈夫仅仅是赌气，早晚会回家的。可是一个星期过去了，她依旧没有等到慕岩，心里不由得紧张起来了。她给慕岩打电话，联系其他朋友，可都毫无音讯。

就在柳红手足无措时，突然接到了派出所的电话。在慕岩离家出走那晚，他一个人来到河边喝酒解闷，结果因为醉酒，不慎出了车祸，因为抢救无效，已经死亡了。听完这话之后，柳红立刻瘫倒在了地上，没想到自己的固执，却给丈夫带来了灾难。

柳红总是抓着慕岩的过去不放，不仅在不断地折磨自己，也让丈夫出了意外，实在是得不偿失。

两个人若是真心相爱，共筑爱巢，是多么温暖和幸福的事情。如果你爱对方，就应该勇于忘记他的过去，好好珍惜你们当下的时光。过去的毕竟已经过去了，你再纠结，再痛苦，再计较，也挽回不了什么，只有抓住当下的幸福，才是最真实可靠的。与其计较他的过去，不如花精力去了解他的现在。

想要与爱人一起体会生活的快乐，想要与爱人感受到幸福的流淌，我们就应该和他一起迎接未来的生活，而不是让彼此的过去成为你们当下生活的负累。重提不愉快的往事，不仅会给自己带来伤害，还会给对方造成一些不必要的痛苦，最终只会伤及你们彼此的感情和幸福。所以，如果你真的想与他牵手一生，那么，你就应当懂得这样一句话：如果爱他，就要忘记他的过去。

7. 当爱情走远时，请潇洒离开

一件事就算再美好，一旦没有结果，就不要再纠缠，久了你会倦，会累；一个人，就算再留恋，如果你抓不住，就要适时放手，久了你会神伤，会心碎。有时，放弃是另一种坚持。任何事、任何人，都会成为过去，不要跟它过不去，无论多难，我们都要学会抽身而退。

从前有一位书生，因为要进京去赶考，暂时要离开未婚妻。在进京前，他与未婚妻约好等他回来之后，一定与她共结连理。

然而，半年过去了，书生进京赶考回来了，而他的未婚妻却嫁给了他人。书生深受打击，心中绝望极了，从此便一病不起。

于是，书生的家人四处求医，但病情还是毫无起色。有一天，书生的家门口路过一个僧人，说自己完全可以治好他的病。书生的家人就让他进了家门。僧人没有直接给书生把脉，开药方，而是从怀中拿出一面镜子给他看。只见镜子中一片茫茫大海，一名遇害的女子一丝不挂地躺在海滩上面，旁边路过许许多多的人，但是这些人都只是看一眼，便摇摇头，走开了。

一会儿，又路过一个好心人，他将自己的衣服脱下来，将女尸盖上之后便走开了。一会儿，又经过一个人，走过去，挖了坑，并小心翼翼地将尸体掩埋了。

书生对此十分惊愕，那僧人对书生解释道："那具海滩上的女尸，就是你未婚妻的前世。而你是第二个路过的人，曾经只给过她一件衣服。她今生只有缘与你相恋，只为还你一个人情。但是，她最终要报答一生一世的人是前世曾将她掩埋的那个人，那个人就是她现在的丈夫。"

书生随即大悟，从床上坐起，病愈。

这个故事告诉我们：今生的缘分，前世已经注定了的。凡事有因有果，如农夫之播种，种豆必然结豆，种瓜必定是结瓜，毫无虚假。那些失去的感情是注定不属于自己的，我们无须苦苦与命运抗争，只管放手即可获得解脱。

其实，放手是对生活的一种豁达大度，抓不住了，就放手吧！勉强抓住只能使手中的水晶破碎，只能使自己痛苦，何必呢？既然注定是一段已经抓不住的爱，还不如及早放手，给别人留下爱的空间，也好让自己有时间去爱另一个值得自己爱的人。

薄暮时分，一位中年妇女在公园的紫藤花长廊中，握着手机不停地哭诉："事到如今，我还能怎么样，看在孩子的份儿上，我只能忍了。但是，没想到他仍旧如此无情，我现在连死的心都有……"接着又开始不停地抱怨那个男人是如何的无情，她这几年又是如何的辛劳。

原来，她的丈夫有了外遇，被她发现后，就与其大吵大闹。丈夫一气之下，就向她提出了离婚，如今的她欲哭无泪，不知如何是好。

她的肤色黯黄，一束凌乱的头发潦草地扎在脑后，臃肿的身材"盛"在暗黄色的水桶裙中，脚上穿了一双很随意的白色旧人字拖，这些颜色混搭起来，很不美观。

这些年来，她为丈夫操持家务，做饭、洗衣、带孩子，什么都做得很好，唯独忽略了自己。于是她的百般好，都在她丑陋的打扮下黯淡了。年轻时候的她，本是一个眉清目秀、毫无烟火味、瘦弱脯腴、不染尘埃的淡雅的女子，与当下的她完全是两个不同的模样……

无可否认，失恋，对于任何人来说都是一杯难咽的苦酒，尤其对于情感细腻的女性来说，那种烙在灵魂深处的伤痛有可能会一直伴随着自己整个生命的旅程。爱情是那么令人心醉神迷，因而，当这种高尚、圣洁的情感幻灭之时，许多女性都不能理智地看待并接受这一现实。

有人说，人之所以会在失恋中感受如此深沉的痛苦，是因为在感情中付出太多，回不了头。也有人说，人在面对失恋时不妥的应对方式加深了这一痛苦，他们就像对待嘴里长的溃疡，越痛越要去舔，越舔又越痛。要解除痛苦，唯一的方法便是学会豁达地放手。若抓不住时，就请潇洒地放手吧！我们没有必要为失去的而痛苦，更没必要为了他人而憔悴。当一切都结束了，你却还沉溺在过去的痛苦与思念里走不出来，仍然站在那个被伤害的地方，心中还怀有一丝幻想，这样只会使你的能量消耗殆尽。结束了就意味着不要再去回味，不要再去触摸彼此曾经一同拥有的点点滴滴，不要在过去中沉沦自虐！

失去的已经失去，人生的道路还很长。失去一段不属于你的恋情，并非真的有那么遗憾，因为，在你的生命里必定还有一段更完美的、属于你的爱情在等着你去投入。所以，当爱情走远时，你一定要学会潇洒离场。

8. 别将婚姻变为圈禁爱人的"围城"

不了解男人的女人说，婚姻是爱情的坟墓，而了解男人的女人说，婚姻是爱情的教室。不聪明的女人会用琐碎的婚姻来检验爱情，而聪明的女人则会用美好的婚姻来充实爱情。同时，不聪明的女人会将家经营成囚禁男人的牢笼，而聪明的女人则会让家变成男人疲惫时随时可以停泊的温馨的港湾。

张萍的老公是一家公司的老总，由于工作原因，他经常会带公司的女职员外出陪客户。每当这个时候，张萍总会打电话追踪而至："你在哪儿呢？"老公如实回答后，张萍还会继续问："怎么那么闹呀？"回到家，她还会甜言蜜语地打探老公身边的女职员的动向，回答得稍不令张萍满意，她便会大发雷霆。张萍还经常拜托老公周围的朋友："我们的孩子还小，你们可要帮我看着他啊。"老公几乎被她逼得喘不过气来，对她也越来越厌烦。

婚姻不是围城，而是辽阔的草原。如果你将婚姻当成圈禁爱人的"围城"，那么，你的爱情很快便会变质腐烂。要知道，在婚姻中，每个人都是相对独立的，在共同的生活中给对方一份信任和坦诚。在栽培幸福的同时，也留一块酝酿志趣爱好的空间给对方，别让自私和霸气伤害了彼此的感情。

生活中，多数人，尤其是女人对婚姻都有一种恐惧感，害怕在婚姻中失去爱情，为此，一步入婚姻便对男人实施"时时紧盯，步步跟牢"的政策，甚至恨不得能够找一根曲别针将他别在腰间。于是，男人便失去了自由，家就成了囚禁他们的"牢笼"。男人为此郁闷、痛苦，想方设法得到自由，而女人则还是变本加厉，绞尽脑汁，想尽办法抓住男人，以期抓住爱情。所以，很多结了婚的女人在一夜之间突然就变成了超级间谍，男人从此便失去了以前的自由。要知道，男人毕竟都是讨厌被约束的，你给他披枷戴锁，让他备感"有妻徒刑"的煎熬，那么，他就会每天寻思着如何摆脱这样的囚禁，一旦逮着机会，便会变本加厉地享受自由。

晴宜的老公周建长得仪表堂堂，是个标准的帅哥。周建是一家外贸企业的职员，和晴宜结婚后，因为生活压力增大，便努力工作，不到半年便被提拔为公司的业务副经理。从此之后，周建比之前忙碌了许多，几乎天天都有应酬。周建开始早出晚归，虽然对晴宜还是像以前一样甜蜜，但是随着时间的推移，晴宜便开始怀疑：他真的有那么多的应酬吗？

越想越不对劲，晴宜便对周建开始"查岗"，跟踪过几次之后，看到周建与一群男男女女出入酒楼、保龄球馆、咖啡屋这些地方，就更加不放心了。她开始苦思冥想，终于想出了一个对策。每当周建说有应酬的时候，她便不动声色，当周建出门后，晴宜便会打电话过去，说自己今天得了急病，或者是自己的钥匙忘在了家中，进不去家门之类的……

周建是个很体贴的男人，听到这些消息便会立即回家，回到家中看到晴宜在欺骗自己，先是苦笑，时间久了便开始愤怒、大吵，但是晴宜却铁下心，坚持自己的做法。这样让周建很多次与客户失约，或者半途退场，生意丢了一单又一单。客户说他不讲信誉，经理见他业绩下滑，也降了他的级。面对此种打击，周建痛苦极了，他没想到，原本温柔可人的爱人，怎么结婚后变成了这个样子。后来，在晴宜的压力下，周建与一位同事产生了恋情，他们的婚姻也宣告解体。

晴宜如何也想不到，被自己紧紧盯牢的丈夫最终还是"叛变"了。

无端的猜忌，会让女人的美丽消失殆尽。晴宜就是因为把丈夫周建盯得太紧，最终让周建逃离了婚姻的围城。

聪明的女人在婚后不会将男人抓得太牢，而是选择放养的方式。放养是一种放手，而不是放弃，是要有张有弛，亲密有间，不刻意约束，这种方式有益于夫妻间感情的保鲜。如果你将男人抓得太紧，整天做厮守状的夫妻，双方容易产生敌视与轻视的情绪，从而破坏婚姻品质。

女人要明白，男人是用来爱的，不是用来管的，再说紧紧地看守，是一件并不省心的事情。与其这样，还不如让他自由地生活，像风筝一般，它飞得再远，最终还是会回到你的怀中。你们之间如果有爱，又有什么好担心的呢？如果对爱失去了信心，你再怎么重兵把守，还是留不住他的心。

在婚姻中，如果你能给丈夫充分的自由与信任，他会对你的宽容与大度给予极大的感激，会对你加倍地珍惜，时时想着回家的路。

要知道，信任是婚姻大厦的根基，将男人"圈养"的女人不只是对男人缺乏必要的信任，还对自身缺乏必要的自信。当这个男人愿意给你婚姻，你便是他这一生中最为重要的女人，所以，他最终的家只有一个，唯一的老婆也只有一个。

这个世界上没有全天候的爱情，所以，还不如顺势给爱情和婚姻一个假期，这样不仅会使你的男人更有魅力，还会使你们的感情时时新鲜，将婚姻持续得更为长久。

9. 不要背负婚姻失败的伤

时间是最好的良药，当你被爱伤得心力交瘁、痛不欲生的时候，不如将一切交付给时间吧，它会让你把该忘记的都忘掉，让你漫不经心地从一个故事走向另一个故事。

朱莉在两年前离了婚，自此之后，她一直无法走出离婚的阴影。两年来，没有见过她的笑脸，每当看到朋友甜蜜的日子时，她就会泪流满面。她会说："无论是闭上眼睛还是睁着眼睛，事情就好像发生在昨天一般，怎么也抹不去。"

因为她始终无法走出悲伤的情绪，让一段原本可以开始的爱情戛然止步。

爱上她的是一个没有婚姻经历的小伙子，因工作接触，爱上了她的温柔和善良。交往一年后，小伙子向她提出回家见见父母，把婚事定下来，她却犹豫不决，虽然最后同意了，但那一天她还是失约没有出现。最后，小伙子只好黯然离开。

离婚的伤害是刻骨铭心的，毕竟两人并肩地携手走过一段人生最缤纷的岁月，生活的点点滴滴早已经刻在记忆中了。可人生却不会因为一段婚姻的终止而终止，不会因为不爱了就没有希望了。人的一生难免有伤痛，但不要因为一场失败的婚姻毁了自己一辈子的幸福。生活是一条向前流淌的河流，只能向前不能回头，面对已经失去的感情，唯有及时舍弃，然后快乐、勇敢地走好以后的路，才是积极的人生态度，才有可能伸手触及未来的幸福。

刘怡是位洒脱的女人，虽然几年前她与丈夫分道扬镳了，但是，她依然过得快乐十足。她说："离婚了还要继续生活，并且要生活得更好。"在这样的心态下，她很快走出了阴影。她说："曾经觉得离婚是头可怕的野兽，曾经让我心力交瘁，不知如何去对付。曾经的一家三口的金三角就这样缺了一个角。早已经习惯了的鼾声就那样从耳边消失了，谁孤身一人躺在偌大的床的一隅不会暗自流泪？现在想来觉得没什么，其实当初我也哭过、闹过，曾经的誓言随风而逝，十几年的婚姻从满怀热忱到无奈的鸡肋，以至之后的崩溃瓦解，从亲密的知心爱人变成淡如陌生人甚至怒目而视，柴米油盐终究抵不过霓虹处的温柔软语。我也恨啊，却不知道究竟恨什么，只是哭过之后倦了，累了，所以就散了。不爱就不爱了，茫茫长路我还得自己好好地走啊！"

人生的路不是一帆风顺的，总会有突如其来的变故，婚姻也是如此，我们一定要及时调整好心态，以淡然的心态去面对婚姻失败的伤，积极乐观地去面对以后的人生道路，如此才能让人生不留遗憾。

要知道，人生的道路是不可逆转的，过一天会少一天。我们追求的是幸福和快乐，背负着过去的痛苦走完一生真的是不值得。事情终究过去了，痛苦也成为永久的过往了，一切后悔与叹息都于事无补了，你若一味地折磨自己，会让你失去更多。

所以，从现在开始，要以积极的心态去把握好今天，不要总是沉浸在过往的回忆之中，当过去的痛苦袭上心头时，一定要有意识地多做些运动，听音乐、干家务、找朋友聊天等，转移自我情绪，控制自己，使自己尽快乐观起来。要坚信，疼痛只是暂时的，下一段幸福还在不远的将来等着我们。

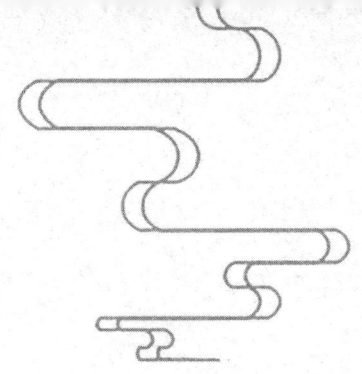

第九章

活在当下，珍视眼前的幸福

　　人生就是这样：有所得，必有所失；有所失，也会有所得。如果一个人总是患得患失，不关注当下，不珍惜眼前，那么，他必然会整天蹙额愁眉，很难拥有好心情。正如人们所说："醒着有得有失，睡下有失有得。"所以，领悟舍得之道，就应该活在当下，在得到的时候，好好珍惜眼前，在失去的时候，不要自寻烦恼，这样便可以活得很快乐了。

1. 握住当下，你便握住了人生

人生的当下都是真，缘去即成幻。所以眼前的每一刻，都要认真地活；每一件事，都要认真地做；每一个人，都要认真地对待，别让自己徒留"为时已晚"的遗恨。逝者不可追，来者犹可待，最珍贵、最需要珍惜的即是当下，因为生命的意义就是由这每一个唯一的刹那构成的。

一位农民从洪水中救起了他的妻子，而他的孩子却淹死了。

事后，人们便议论纷纷，有的说他做得对，因为孩子可以再生一个，妻子却不能死而复活。有的说他做错了，因为妻子可以另外娶一个，孩子却不可以死而复活。

听了人们的议论，很多人也感到困惑：如果只能救活一个，究竟应该救妻子呢，还是救孩子呢？很多人便去问那位农民当时是怎么想的。

他答道："我什么也没想。洪水袭来，妻子在我身边，我抓住她就往附近的山坡上游。当我返回时，孩子已经被洪水冲走了。"

其实，这位农民的做法颇有深意。在紧急时刻，他什么也不想，看到触手可及的妻子在身边，就拼尽全力救妻子。如果他当时舍弃妻子，去救被洪水冲远的孩子，那么，妻子和孩子都有可能被淹死。人生的抉择又何尝不是如此！在任何时候，都要舍弃繁杂，活在当下，不追忆过去的荣耀，不悔恨过去的过错，更不要去盲目地憧憬未来，不要活在幻想中，而是应该脚踏实地，好好地把握并珍惜今天，珍惜现在。生命只有一次，时间是我们最大的财富，而我们拥有的时间只有当下，拥有了现在，我们也就拥有了过去和未来。

为此，从现在开始，过好每一天，珍惜现在所拥有的一切，才能活出自我，活得精彩。

汉宣帝在继位之初，曾经下诏想将祭祀汉武帝的"庙乐"升格，不料却遭到了当时的光禄大夫夏侯胜的强烈反对，这令当时的丞相和御史大夫等公卿大臣们一阵惶恐，敢公然反对皇上的诏书，这还了得？于是便马上联名上了一道奏章，弹劾夏侯胜"大逆不道"。顺便把不肯在奏章上签名的丞相长史黄霸也以"不举劾"的罪名一并呈给了皇上。于是，这两个人便被一起逮捕下狱，并且还判了死罪，等待处死。

当时，夏侯胜是有名的大儒，精通《尚书》，素来耿直，不会阿谀奉承，如今受到如此的大辱，便郁郁寡欢。每次想到皇恩，又想到人生无常，夏侯胜不免感到心灰意冷。好在那个更为冤枉的黄霸与他关在了一起，寂寞之中，两人可以说话。黄霸则生性乐观，他很早就仰慕夏侯胜是个大儒，只是无缘亲近，没想到因为意外的灾难两人竟然关在了同一间牢房之中。他心想："原来没时间与大儒谈古论今，而如今有时间了，良师近在眼前，何不赶紧补上这一课呢？"黄霸便将求教之意告诉了夏侯胜。夏侯胜则苦笑道："咱们都犯了死罪，明天就要被处死了，现在谈经论文有用吗？"

黄霸说："孔子有言，'朝闻道，夕死可矣'。我们应该活在当下，抓住眼前，心有所悟。今天就应该活得快乐，何必管那虚无缥缈的明天呢？"夏侯胜听了精神为之一振，内心很是感动，当即答应了黄霸的请求。自此之后，夏侯胜每天都与黄霸传授《尚书》，黄霸尽心听讲，二人日夜讲学津津有味，研读到精妙之处，时不时还击掌大笑。搞得监狱看守一头雾水，不明白死到临头的两个人为何还如此快乐。

曾经一度，有人催促汉宣帝该将夏侯胜和黄霸立即处死，汉宣帝则派人到狱中调查这两个人是否心中有哀痛和悔改之意，当得知两人每天谈经论文，很是快乐，汉宣帝心中极为不满，但是也感叹两人的贤能，不忍心杀之，所以，将此案件久拖不决。

虽然身在监牢之中，决意活在当下的夏侯胜和黄霸心无阻碍，没有什么能够束缚住他们了。时间不再是他们的敌人，因为有事情可做，两个冬天过去了，他们也没有觉得时间太过漫长，反倒是学问研究得愈益精到，思想有了长进，精神更为充实和快乐。

两年后的一天，汉宣帝大赦天下，夏侯胜和黄霸才得以出狱，不过，他们没有被逐回老家，而是又直接被宣进朝廷，夏侯胜被任命为谏大夫，留在皇帝身边，而黄霸则为扬州刺史，外放做官。后来，夏侯胜因为正直博学做了太子的老师，90 岁才去世。

人生最大的苦厄莫过于等待死亡，因为人之所以活着，都是对未来有期望的。可是倘若知道死亡近在咫尺，希望的火焰熄灭了，往往也就心如死水，一切便不再有意义。然而，真正聪明明智的人能懂得生命的真正意义，任何时候，他们都能活在当下，能静心聆听水滴的滴嗒声，能抬头看天上的月亮、听自己的心跳声；他们能将一切都放下，放下对生命的牵挂，对未来的执着，好好地把握当下的时光，做手边能做的事情，将当下的每一分每一秒都活得充实而鲜活，让生命有了最现实的意义。正如佛家所说："见了便做，做了便放下，了了有何不了。"这种心态，其实包含着大智慧，你只要活在当下，便活出了未来。

2. 舍弃忧虑，珍惜生命的每一个刹那

人生有一个词叫珍惜，珍惜是幸福的意义。每一个你所浪费的今天，都是昨天死去的人曾经奢望过的明天。每一个你所厌恶的现在，都是未来的你想回也回不去的"曾经"。千金难买是光阴，千金难买是当下，千金难买是快乐，唯有珍视生命的每一个刹那，才是真正握住了人生。

美国著名的心理学医生马丁·加德纳，在行医的过程中，接触最多的病人就是经常因为生活中的焦虑和忧愁而患上生理和心理疾病的人。这些人经常会为自己不可预知的未来担忧，也有的经常沉浸在过去的痛苦和不快之中，长时间郁郁寡欢，闷闷不乐，损坏了自己的健康。为了能够彻底治疗这些人的疾病，马丁·加德纳为他们开了一个极为简单而有效的方子，他真切地告诉病人，生命的每一个刹那都是唯一，都是不可逆转的，过去了，便再也回不来了。只要你谨记这一点，认真并仔细地过好生命的每一个刹那，及时舍弃毫无意义的忧虑和担心，便可以使疾病远离。也就是说，只要将当下的事情做好，尽力想办法使自己当下过得快乐就可以

了，无须为过去或未来的事情担忧。

的确如此，我们每个人的生命都是唯一的，不复返的，今天过去了，便再也不会有这样的一个"今天"。不要让明天或者过去的忧愁将其浪费掉，只要你无限地珍惜此刻和今天，还有什么事情值得我们去担忧呢？

八岁的珍妮是个聪明的孩子，半年前，她最亲爱的宠物狗——哈瑞突然生病死去了。珍妮很是伤心，她觉得，以后她的小伙伴再也不会出现和她一起玩耍了，每天茶饭不思，没有心思学习。这种痛苦的状态已经持续了大半年，周围的人都说她是个重感情的好孩子，但是她的父母却很着急，因为在大半年的时间里，她确实没有好好吃过一顿饭，因为营养不足，她看起来消瘦了许多，而且还经常生病。

珍妮的父母不知道如何安慰她，有一次，珍妮的外祖母来到他们家中，看到此种情形，就决定要与她聊聊天。

"你为何如此伤心呢？"外婆问她。

"因为我的好伙伴永远地离开了我，它再也不会回来了。"她回答道。

"那你还知道有什么是永远也不会回来的吗？"外祖母问道。

"嗯……不知道。还有什么会永远不回来呢？"她看着外祖母，摇了摇头。

"你现在度过的所有的时间，以及时间中的一切事物，过去了就永远不会再回来了。就像你的昨天过去了，它就会变成永恒的昨天，以后我们再也无法回到昨天弥补什么了；就像你妈妈以前也和你一样小，如果她在你这么小的时候，不好好生活，养好身体，牢牢地为未来打好基础，就再也无法回去重新来一回了。就如今天的太阳即将落下去，如果我们错过了今天的太阳，就再也找不回原来的了……"

珍妮听了外祖母的话后，每天放学回家都会在家的院子里看着太阳一寸寸地沉到地平线下面。虽然明天还会升起新的太阳，但是永远也不会有今天的太阳了。她懂得了舍弃过去，珍惜当下，她要认真地把握住自己度过的每一个瞬间。

每个生命中的每一个瞬间都是独一无二的，它既不是过去的延续，也不是未来的承接。时间的长河也是由无数的"当下"串联在一起的，每一个瞬间、每一个当下都是生命的永恒。所以，从现在起，吃饭时，你要认真地品味菜肴的美味；喝咖啡时，你要细细地品味它从舌头到喉咙的香醇；喝茶时，你要静静地欣赏茶叶舒展在杯中的美感；工作时，你要好好感受经历中的乐趣；睡觉时，你要学会放松全身的肌肉，心无杂念地进入梦乡；当我们爱上一个人的时候，就要全然去爱，不计较过去，也不算计未来。就像《飘》里的女主角郝思嘉一样，在自己烦恼的时候总是对自己说："现在我不要想这些烦恼的事情，等明天再说，毕竟，明天又是新的一天。"昨天成为过去，明天尚未到来，想那么多干吗，过好此刻才最真实，否则，此刻即将消失的时光，上哪儿去找？

3. 舍弃冗杂，人生只以活着为目的

人活一世，不应该总是抱怨经历了比他人更多的苦难，生命只有一次，不可能从头来过。不要让自己的生命在应有的时间里得不到体现，也不要让自己的生命在应有的时间里找不到自己存在于这个世界上的最根本的意义，更不要等时间悄悄流走后，才回过神来，噢，原来又是这么一天了。所以，请不要荒废你的生命，让自己的生命为你的人生去创造属于自己的光彩，不论是喜剧还是悲剧，不论是笑声还是哭声，不论是欢乐还是忧郁，一样要全情投入，这就是人生的丰富。

人活着是为了什么？人生的意义是什么？有人说是以服务为目的，有人说是以追求过程中的真善美为目的，有人说是以感受生命的多样性为目的……不同的人有不同的看法。然而，这些都是对人生太过深沉而严肃的看法，是将人生复杂化了，进而使我们在人生的旅程中背上了过多的思想包袱，让自己气喘吁吁，疲惫不堪。

在一堂哲学课上，老师正在给学生们讲《庄子》。突然，一位学生站出来提出了这样的问题：人生是以什么为目的而活着的？

老师笑了笑，说道："我今天活着就是为了给大家讲《庄子》。中午饿

了吃饭，是为了吃饭而活着的，晚上困了睡觉，也只是为睡觉而活着的。人生的目的是什么？每个人从出生的第一天起，没有人会问：我为什么要来到这个世界上？我来到这个世界的目的是什么？没有一个人是为了问明白这个问题而来到这个世上的。所以，我们活着的目的仅仅是为了活着，没有其他的答案。"

"天下熙熙皆为利来，天下攘攘皆为利往。"人生充满了各种各样的"目的"，这是将人生复杂化了。然而，这位哲学老师则抛开了一切繁杂的意念，简简单单地用一句"活着只以活着为目的，没有其他的答案"就十分精练地概括了人生的真实意义。他的看法可谓道出了生命的真谛，这种大彻大悟的人生观，其实也告诉我们：任何时候，都要以一颗平常心来对待生命，不悲不喜，不以失去而悲伤，不以得到而狂喜，活在当下，努力做好当下的事情，不将人生复杂化，不将生活复杂化，单纯而积极地活着，才能真实地抓住生命的意义。

《士兵突击》中的许三多说了这样一句话："有意义就是好好活着，好好活着就是有意义。"人活着的意义就是单纯为活着，不为任何目的。正是因为拥有了这样的人生态度，许三多才活出人生的真正意义。

我们每个人都无法选择自己生命的开始，也不能左右自己生命的结束，所谓生无选择，死不由人，我们唯一能够拥有的，仅仅是经历生命的过程。在这个历程中，每个人的命运也是全然不同的，或高贵、或卑微；或富有、或贫穷；或一帆风顺事事顺利、或举步维艰遍布荆棘。但是，无论有怎样的经历，我们都要全力以赴，活在当下，用我们所有的勇气和激情，去认真过好生命的每一秒，每一个瞬间。因为每一天的生活，都是一个新的开始，都会有它不同的意义。过去的就让它随风而去，好好把握现在的生活，不去计较过去失去了什么，未来会得到什么。

一位年轻人去向一位智者求教："人生的意义是什么呢？"

智者说："困来睡觉，饿来吃饭。"年轻人十分奇怪地说道："如此简单的事情，每个人都在做，但为何还活得那么累，那么疲惫不堪呢？"

智者说："每个人都会吃饭，但是却不会好好地吃饭，千方百计地去计较；每个人都会睡觉，但是却不懂得如何去好好睡觉，心中充满了对过往失去的悲伤，对未来的思虑。人过于计较，过于思虑，也就被内心这些虚妄的杂念所困扰了，就失去了自我，生命也失去了原有的意义，人也沦为杂念之奴了，当然会活得疲惫，活得辛苦了。"

这时候，年轻人明白了：用心做好和应对生活中的每一件事情，无论是悲伤还是高兴，不要过于计较，便是人生的经历了。

人生只以活着为目的，所以，我们只需要好好地接受眼前的事实，并且做好眼前的每一件事情，不苛求，不计较，不思虑，便是人生的真实意义。这也是告诉我们，生活中要时刻以一颗平常心去面对万事万物，得意时不忘形，失意时不悲观，在任何生存状态下，都以一颗平常心去感受一份"看庭前花开花落，望天外云卷云舒"的惬意与自在！

4. 别预支"明天"的烦恼

我们生活中的诸多不快乐，常常会令我们忧心忡忡，从来没有认真思考过为什么？其实，我们的诸多不快乐，都是因为已经过去的事情而烦恼，对未来的事情而担忧，常常让自己活在过去的回忆和未来的想象中，忽略了当下的生活。

一位哲学家说，每个人心里都藏着一只名字叫作"烦恼"的小蚂蚁，每天带着它，常常被放出来吃掉我们难得的快乐。不可否认，每个人都生活在"忧虑"的旋涡中，每天都要花大量的时间为未来担忧，提前预支"明天"的烦恼，为毫无积极效果的行为浪费自己当下的宝贵时光。

有这样一个故事。

一位铁匠经常担心：如果我累得病倒了，无法工作怎么办？如果我挣的钱不够花了该怎么办？如果我的家人突然离我而去了怎么办？如果孩子成绩不好怎么办？……一连串的担忧，让他得了重病。一位心理学家听说后，送了他一条金项链。

铁匠很是安慰，他想，如果生活中出现任何问题，都可以去卖掉项链解决。从此之后，铁匠过上了快乐的生活，晚上安心地睡觉，逐渐地恢复了健康。等到首饰店老板说项链是铜的，只值一元钱时，铁匠顿时恍然大悟：预支明天的烦恼，只能使今天活得不快乐。如果不去预支明天的烦恼，人生的烦恼将会少一半。

所以，提前预支"明天"的烦恼，只会让你步履维艰，生活既辛苦又乏味。为此，请勇于舍弃对明天的担忧吧！要知道，今天有今天的事情，明天有明天的烦恼，很多事无法提前完成，过早地为将来担忧，于事无补。况且，人们烦恼的事情都不是必须的，它们也许只存在于自我的想象中，你的担忧都是徒劳和毫无意义的。

当然了，为了不透支"明天"的烦恼，我们还要做好今天的准备。只要做好了该做的事情，何不高枕无忧地过好今天呢？即便不幸注定要在明天来临，你也没有必要今天为它付出代价。过好今天最为重要，烦恼如果真的来临，再去积极应对也不晚。所以，我们切不可沉溺于忧虑的泥潭中无法自拔，而应尽快调整心态和情绪，采取积极的行动去改变已经遭到的"变故"。

美国作家布莱克伍德在一篇名为《99％的烦恼其实不会发生》的文章中，写了他本人的一段亲身经历。

布莱克伍德在他40多岁的时候，因为战争的原因，所有的事情几乎把他烦透了。他所创办的商业学校，因为当地男孩子的入伍，面临着极为严重的财务危机；而他的儿子则在军校中服役，生死未卜；当地政府要征收土地建造农场，而他的房子正好在被征收的土地之上，他拿到的赔偿金也仅仅是他房子市价的十分之一；他的大女儿因为提前一年毕业，上大学需要一笔费用，而这笔钱完全还没有筹到。布莱克伍德正坐在办公室里为这些事情烦恼，便随手拿了一张便条写了下来，冥思苦想应对所有事情的对策，但是都没能想出更好的解决办法。最终，他无意间就将这张纸条放进了抽屉中。

时间一个月一个月地过去了，布莱克伍德已经不记得自己写过这张便条。一年之后的一天，他在整理自己的资料时，无意中发现了这张写着曾经让他头痛不已的烦心事的便条。他淡然地笑了笑，觉得很有趣，因为他当初担忧的那些事情都没有真正地发生过。

他刚开始担心商业学校无法办下去，可政府却拨款训练退役军人，他的学校很快就招满了学生；他曾经担心自己的儿子在战争中受伤，但是最终儿子却毫发无损地回来了；他担心土地被征收去建农场，但是后来却因为住房附近发现了油田，他的房子完全没有被征收；他担心长女的教育经费凑不齐，但是他却找到了一份兼职稽查工作，解决了这个难题。

最后，布莱克伍德得出了一个这样的结论：其实，生活中，你所担心的事情，99％都是不会发生的，人生总为了一些不会发生的事情去烦恼，让精神饱受煎熬，真是一大悲哀。

俗话说：车到山前必有路，船到桥头自然直。许多烦心和忧愁都是自己给自己绑的绳索，是对自己心力的无端耗费，这就如同自我设置的虚拟的精神陷阱。怀着忧愁度过每一天，设想自己可能遇到的麻烦，只会徒增烦恼。实际上，等烦恼真的来了，再去考虑也为时不晚。

漫漫人生道路上，今天就如同一座独木桥，只能够承载今天的重量，假如你再加明天的重量，生活必定会轰然倒塌。所以，千万不要想太多未来的事情，不要顾虑太多，只要好好地享受、欣赏现在的生活就行了。活着的本分就是好好地过好今天，明天永远是属于明天的。当事情还未发生的时候，我们根本无须担忧，就算事情真的发生了，也可能会因为一些其他的事情而改变，使事情向着好的方向发展。

5. 莫为"过去"而感到悲伤

过去的事情消失在流逝的时光里，你是再也找不回来了，它仅仅代表你生命中流逝的部分，并不代表现在，更不能代表未来。所以，我们无须沉浸在过去的悲伤里。一位哲人这样说："未来的种子也深埋于过去的时光里，如果你不能正视自己的过去，很难让你的现在和未来开花结果，这可能会导致更多更大的不幸。"

泰戈尔说："如果你为失去的太阳哭泣，那么你也会失去星星。"生活中，很多人因为经历了伤痛、磨难和挫折，便经常将自己沉浸在痛苦之中，拿过去的伤痛去折磨自己，让心灵沉重不堪，让过去的痛苦不停地向前延伸，直到牵制你的未来。

其实，这种做法是在拿过去的痛苦来惩罚自己，只有学会及时忘记过去的伤痛，才能获得快乐轻松的人生。

美国加州一所学校的老师，在任教期间发现班上的学生表面上看起来很用功，但总是考不出好成绩。他在私下里调查发现，这些学生经常会为自己过去的成绩而感到不安，他们经常生活在过去的阴影里，只要有一次考试失败，他们就会生活在自责之中，以至于影响了下一次的成绩。还有一些心思重的学生，从考完交上考卷时就会为自己的未来担忧，担心自己不能及格。为解除学生的这种心理阴影，老师就亲自精心为学生设计了一个特殊的课程。

那一次，老师在上讲台时端了一瓶牛奶，在给学生讲课的过程中，无意间就将牛奶放在讲桌上面。所有的学生都不明白这瓶牛奶与自己所学的课程到底有什么关系，只是静静地听着老师在讲课。

忽然，老师站了起来，一巴掌把那瓶牛奶打翻在地上，并大声地喊叫道："不要为打翻的牛奶哭泣！"

课堂上，所有的学生都震惊了，老师让所有的学生都过来，并围拢到洒满牛奶的地方仔细地观察那破碎的瓶子与流淌着的牛奶。老师则一字一句地说道："你们仔细地看一下，现在牛奶已经完全淌光了，无论你如何抱怨，如何悔恨，也无法取回一滴。事先如果做一些预防措施，牛奶可能还好端端的，但是现在的一切说什么都晚了。现在唯一能够做的就是尽自己最大的努力将它尽快忘记，然后将注意力转移到下一件事情上面。"听了老师的话，学生们恍然大悟，这节课让他们终生难忘。

"不要为打翻的牛奶哭泣。"过去的已经过去了，再悲伤，再遗憾也已经成为历史，你可以改变以后发生的事情所产生的后果，但是却不可能改变之前发生的事情。我们唯一能把握的就是当下的时光，先平静地分析自己所犯的错误，然后再从错误的事情中吸取教训，最终把这种错误忘掉。过去不能够回到当下，为过去哀伤，为过去遗憾，除了劳费我们的心神，分散我们的精力，并没有给我们带来一点好处。

成功学大师戴尔·卡耐基在事业刚刚起步时，曾经在美国的密苏里州举办了一个成人教育班，因为刚起步既缺乏管理经验又缺乏财务常识，在他将大笔的资金用于广告宣传和日常的基本开支的时候，却发现自己赔了钱，尽管他的成人教育班在社会上的反映是极好的。得知一连数月的辛苦劳动没有任何回报，他的精神几近崩溃。

卡耐基为此极为苦恼，他不断地抱怨自己的疏忽大意，整天闷闷不乐的，已经无法将事业进行下去了。最终，卡耐基只能去找他小时候的老师寻求心理帮助，老师对他说："在任何时候都不要为打翻的牛奶哭泣。"

老师的这句话让他醍醐灌顶，卡耐基的忧愁和痛苦也顿时消失了，精神也快速地振作了起来，全身心地投入到了事业中，最终取得了巨大的成功。

"不要为打翻的牛奶哭泣"，是英国一句著名的谚语，它与中国的"覆水难收"差不多是同一个意思，这些话听起来很轻松，做起来却很难。

在任何时候，做好当下的事情是最有意思的事情。我们固然不能左右现实，但却可以改变心情；我们不能改变容貌，却可以展现笑容；固然不能控制他人，却可以掌握自己；我们不能样样都胜利，却可以事事都尽力；我们不能决定生命的长度，但是我们可以控制生命的宽度；我们不能改变过去，但是我们可以利用今天。外界的事物左右不了我们什么，重要的是我们当下的心态。

很多人可能会说，过去的事情对我的伤害实在太大了，我无论如何也不能从悲伤中转变过来。不，你完全可以转变的，只需要改变一下当下的心态即可。你可以让自己尽力平静下来，然后这样想：正因为过去的不幸，才让自己学会了满足于当下的生活。当时的痛苦都已经承受下来了，难道你还没有勇气去面对当前的生活吗？为此，你完全可以怀着一颗感恩的心，这样才能够使自己尽快从昨天的痛苦和烦恼中解脱出来，世界上没有什么坎是过不去的。

"何必眉不开，烦恼无尽时，一切命安排，当下最悠哉"。在任何时候，心情都是无忧无虑的，你只需要怀着一颗感恩的心，活在当下，生活就会过得安然而超脱，你的人生也就达到了另一种境界。

6. 人生的意义在于过程

　　人生就像登山，不是为了登山而登山，而应该着重于攀登中的观赏、感受与互动。如果忽略了沿途中的风光，便无法体会到登山的乐趣。所以说，登山时要时常停下脚步，赏赏花草，望望云彩。在奋进之余，应该学会放松自己，给自己一点时间去休息，才可谓是享受人生。

　　一个人从呱呱坠地的时候就伴随着哭声并且还紧攥着拳头，短短几十年之后，就在别人的痛哭之中伸开手离开这个世界，来去都赤条条的。这一生一死有何意义呢？其实，真正的意义就在于过程，过程中的风景，过程中的梦想，过程中的希望，过程中的努力，还有过程中的失败、失望乃至遗憾……不管是成功、喜悦、梦想、激情，还是失败、痛苦、绝望，都是生命的一种经历，都散发着绚丽的光彩，所以，我们要把握每一个瞬间，而不要去在乎所谓的结果。

　　有一对父子，他们每年都会把自家的粮食用牛车运到附近的城镇中去卖。儿子是个性子极为急躁的人，父亲性格极为和缓，总是认为凡事根本不必着急，慢一些完全可以享受过程的快乐。

　　这一天清晨，父子俩又一次赶着旧牛车到镇上去卖粮食和蔬菜。儿子很着急，不停地用皮鞭鞭打拉车的牛，想走快一些，尽快赶到集镇上把粮食和蔬菜卖掉。而老人则在路上不停地这样说："放松点，儿子。这样你会活得更为长久一些。"然而，儿子丝毫也听不进去，坚持一定要走快一些。想在天黑之前赶到集市上卖掉粮食和蔬菜。

　　眼看着快到中午了，父子俩便来到一间小屋面前，父亲说他与屋中的人很是熟悉，想进去打个招呼。然而，儿子却等不及，他不停地催促着父亲赶路。但是父亲却坚持要与好久不见的熟人聊一会儿，儿子很生气，但是父亲却与熟人聊得很开心。

　　再一次上路了，父子俩走到了一个岔路口。儿子想，应该走左边近一些的道路，而父亲却说："右边的路上有很漂亮的风景，边走路边欣赏风景不是件惬意的事情吗？"

最终，儿子还是执拗不过父亲，就走上了右边的道路，但是儿子却对路边绿油油的牧草地、漂亮的野花和清澈的河流视而不见。而父亲则充满了喜悦。

最终，他们没能够在傍晚赶到集市之中，只好在一个非常漂亮的大花园中过夜。父亲睡在路边很是惬意，不久，便鼾声大作。但是儿子却焦虑万分，对明天是否能赶到集市而担心焦虑。

第二天一大早，在路边，父亲又不惜浪费时间去帮助一位农民将陷入沟中的牛车拉出来。但是儿子却十分生气。他一直认为父亲对路边的风景比赚钱更感兴趣，但是父亲却在不停地说："还是放松一些吧，这样你才可以活得更精彩。"

到下午的时候，他们经过一座山，俯视着山下城镇中的美景，许久之后，两个人都一言不发。最终，儿子将手搭在老人的肩上说道："爸，我终于明白您的意思，体会到生命的真正意义了。"

花开花谢是一个过程，生命荣枯也是一个过程。过程，能让苍白的生命平添一种美感和乐趣。人生的乐趣蕴藏在奋斗的过程中，生命的真谛在于细细品味岁月、享受人生。只注重结果不看重过程的人，是不可能享受到真正的人生乐趣的。

所以，在生活中，我们无须刻意去追寻所谓的结果，要顺其自然，安然从容地享受生命的每一个瞬间，以恬淡闲适的心境以及不为压力所动的气度来面对生命中的每一天。这样才能够活得惬意，才能体会到生命的真滋味。

生活中，我们与上述事例中的青年人一样，不断地在人生的道路上为了一个个"目标"奔跑，不断地奔着下一个目标奋进，于是，我们的生活就很容易被忙碌和疲惫所占满，心中和眼中仅仅只剩下这个目标。当我们猛然回头的时候，却发现生命的一个个美妙的过程已经被我们白白地浪费掉了。

7. 活在当下的意义在于随心、随性

活在当下的意义在于追求永恒的快乐，而唯有随心而动，随性而活，才能获得快乐。为此，活在当下就是让我们抓住生命中的每一个"此刻"，听从内心的真实声音，一切随缘且随性，缘来珍惜散坦然。随心，才能随遇；随心，才能随性；随心，才能随梦。

芸芸众生，每个人都有本心本性，听从内心的声音，依照内心的意愿而活，才能活出惬意而真实的人生。活在当下，主要是指，抓住当下的时刻，依照内心的想法而活。

然而，在现实中，我们每个人都会不断地追逐外在的事物，忽视了内心的真实意念，才会因为迷失了本性，感到烦恼不断，痛苦不堪。试想，一个人如果醉心于功利，贪得无厌，必然会斤斤计较，患得患失，钩心斗角，费尽心思，也很容易被"名缰利锁"束缚住，何谈生命的本源？要活出真实的自己，我们一定要成为自身的主人，学会自我解脱，仔细聆听内心的声音，并遵从内心去生活。

有一天，一位相貌不凡的青年人去见慧能大师，慧能一看他就知道他是佛门龙象。于是便问道："你从哪儿来呢？"

这位青年很恭敬地说道："从不远的地方来。"

慧能心想："如此小的年纪就有如此的心性，真是难得！"于是就接着问他："你的生命在哪里？"

年轻人回答道："生命为何物？我早已经不记得了。"

慧能欣喜十分，便召唤少年进来，说道："你来拜见我是为何事？"

青年说："世间处处都是垃圾，无我的容身之地，请您收我为徒。"慧能为了考验他出家的决心，便笑着说道："千万不要出家！"

青年人坚定地说："我一定要出家！"

而这位青年便是著名的南阳慧忠禅师。慧忠禅师在河南的深山中苦修了40年，与世间隔绝，在没有任何烦恼与欲念的情况下，终于见到了十分

清明的世界。

有个僧人曾经问他："人生如此痛苦，如何才能更为惬意呢？"

南阳慧忠禅师笑笑道："放下烦恼，忘记痛苦，遵从内心的意念。抛弃杂念，可以让你看到清明世界。无欲无求，按内心的想法去活，才能更深地体会到快乐和惬意。"

人的本心承载了生命真实的意义，寄予了人生太多的快乐与幸福，如果能够把握，一定会远离痛苦，远离烦恼。但是失去快乐与幸福也仅仅在弹指一瞬间。人的贪欲心理会让我们在不知不觉间迷失自己，在无法唤醒心底那份纯真和善良的同时越陷越深，当我们面对这种情况的时候，最好的办法就是放下心中不必要的欲望。

如果把这些东西放下了，体现内心本性的东西就会显现出来，生命本身也会变得极为纯净，心灵也会变得极为纯善，那么，所有的痛苦和烦恼就没有了。

8. 惜取眼前，珍惜自己所拥有的

痛苦是比较出来的，幸福是珍惜得来的。我们追求的是幸福也就罢了，怕就怕我们追求的是"比别人幸福"！幸福，不是用来炫耀的，也不是用来比较的，而是用来感受和体验的。生活，是用来经营的，而不是用来计较的。幸福如人饮水，冷暖自知，它不是一个遥远的目标，而是一个享受当下的过程。只要怀有一颗感恩的心，感恩生命，感恩生活，感恩关爱自己的每一个人，幸福就无处不在、无时不有。

斯宾塞·约翰逊是美国著名的作家，他写了一本书叫作《礼物》，其中写了这样一个故事。

一位老人很有智慧，能解决生活中所有的难题。有一天，他告诉一个孩子，世界上有一种十分特别的礼物，它可以让人生充满成功和快乐，而这个礼物只有依靠自己的力量才能够找到。这个孩子就想，如果找到了这个礼物，这一生就不白活了。

于是，他就开始下决心不停地寻找，从童年到青年，几乎用尽自己所有的办法去四处寻找，越是拼命地去寻找，越是感到失落、沮丧，而他要寻找的那个礼物始终没有出现。到后来，年轻人就打算放弃了，不想再这样漫无目的地寻找下去。到后来，他才赫然发现，那份礼物原来一直都在他的身边，他倾尽一生要寻找的礼物便是当下的"此刻"。

生活中，我们平常人何尝不是如此，终其一生都在不停地寻觅一些有形的"礼物"，却忽视自己早已经拥有的礼物——无形的"此时此刻"。而在这个充满烦恼和焦虑的时代，这份"礼物"更能够让我们重新发现我们幸福生活的真谛。

生活中，每个人之所以渴望幸福而又感受不到幸福，是因为经常拿自己的幸福与他人进行比较。当看到别人的幸福时，我们总会忍不住哀叹自己的痛苦；在惊艳别人的美丽时，总是感伤自己的平凡；渴望别人的快乐，却又总会粉碎自己的快乐。其实，幸福和快乐都很简单，它就在我们的身边，随时随地跟随着我们，关键要看我们是否懂得去珍惜，是否懂得去体验。

一条小狗只要一闲下来的时候，就会不停地绕着自己的尾巴转圈，直到把自己累得筋疲力竭地躺在地上喘气。

主人问它说："你天天围着自己的尾巴转圈，那么劳累地在寻找什么呢？"

小狗气喘吁吁地说道："有人告诉我说，只要我能够追到自己的尾巴，就可以获得永久的快乐和幸福了。所以，我才会不停地追逐自己的尾巴，以至于每天都活得筋疲力尽。"

主人叹了一口气说道："我在年轻的时候，也听别人说过同样的话。所以，当初也像你一样傻，为了追求自己的幸福把自己搞得疲惫不堪，精疲力竭，最终也没能感受到任何的快乐和幸福。后来我就主动放弃了。当我随性生活的时候，才发现幸福和快乐原来就在我们的后面时刻跟随着我们。"

很多人莫不是如此，他们活得不幸福，主要是因为不懂得珍惜当下自己所拥有的。我们总是想着未来更为美好的东西或者只将眼光放在失去的东西上面，而忽视我们当前所拥有的。殊不知，你本身所拥有的东西才是你能够真正把握的，只有认认真真地享受当下所拥有的，才算得上是真正的幸福。

一个青年人在建筑工地上工作，吃尽了苦头。夏天暴晒在烈日下，汗流浃背；冬天在大雪纷飞中忍受严寒。但是，为了生活他不得不继续忍受下去。他时常觉得住在高楼大厦中的人是幸福的，而自己是不幸的。

有一天，他又拖着疲惫的身子回到家中，一到家便看到爱人一如既往地在厨房中忙活着为他做饭、烧水；几个孩子在简陋的小屋中竟然充满了别样的温馨……一种幸福感由衷地袭上心头来。他慢慢地走进厨房，用一种充满爱意的感动将妻子抱起来，转上一圈。其实，妻子的体重并不比50公斤重的石头轻多少，但是，他的内心却洋溢着幸福的味道。

就这样一个小小的动作，就将他一天的疲惫赶走了，他再也感觉不到任何劳累了。

在生活中萃取点滴快乐，幸福并不十分遥远；感悟丰富人生，幸福便永久相伴。幸福是一种感觉，一种心态，是享受生活中自然的那份恬淡，幸福是萃取点滴快乐之后的满足……幸福就在我们的身边。只要我们在人生的道路上去感悟，去寻求，就能一路播种幸福，一路收获幸福。

天地万物，自然轮回，每个人都生活在一个空间中，必然要遵循生老病死、稍纵即逝的规律。历史不会为我们守候，生命的年轮总是随着日出日落而辉煌、消遁，而幸福的生活就在此刻，只要你能珍惜当下所拥有的，便能享受到生命的永恒的快乐。为此，劳累一天，筋疲力尽还要加班加点的我们，是否也应该尽快地停下脚步审视一下自己，这样的忙碌是为了什么？我们生活的意义究竟是什么？生命的价值又在哪里？当我们的脚步慢下来，也许我们就会幡然醒悟，在当下的这一刻，享受当下所拥有的东西，才是上天赐予生命的重要意义。

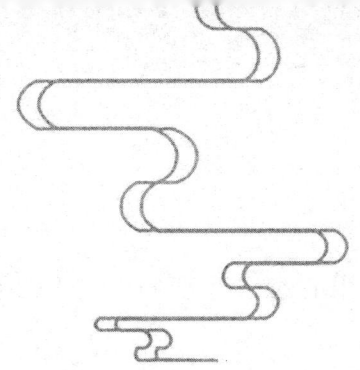

第十章

不比较，不计较，必然多助多福

一个人能否快乐，不在于拥有的多，而在于计较的少。失去是拥有的前奏，舍弃是为了更为宽阔地拥有。生活中，如果你处处斤斤计较，只会失去更多。唯有以积极的心态，以豁达的心胸去面对和看待人生中的种种得与失，才能收获快乐和幸福。

1. 用嘴巴去抱怨，不如用心态去改变

你如果大声喊"痛"，伤害就会出现；如果抱怨，就会遇上更多想要抱怨的事。这是行动上的"吸引力法则"。当你历经这些阶段，当你扬弃抱怨，当你不再去注意伤害而喊"痛"时，你的人生就会像美丽的春花般绽放。

在这个世界上有两种人，一种是观望者，一种是行动者，前一种人在遇到挫折之后，总是抱怨周围的环境有多么的不尽如人意。没找到工作，怪社会太残酷；找朋友帮助遭拒绝，怪人情淡漠；住房不好，交通不便，行业前景不佳……将这些责任一股脑儿推给社会，总是苛求客观因素的不如意；而自己像完全没事人似的，主观上不作为，最终只会一事无成。而行动者，则从来不去埋怨现实的残酷，只是用自身的行动去努力地适应环境，在前进的道路上不畏艰险，最终取得一番成就。

很久以前，在非洲的一个国家，人们都不穿鞋，都是赤着脚走路的。

有一位国君到某个偏僻的乡间旅行，因为路面崎岖不平，有很多碎石头，刺得他的脚又痛又麻。国君回到王宫后，随即下了一道命令，要将国内的所有道路都铺上一层牛皮。他也认为这是一件利国利民的好事，不只是为了自己，还可造福他的子民，这样人们走路时就不再受刺痛之苦了。

可是国土辽阔，就算是杀光全国的牛，也筹措不到足够的皮革，而所花费的金钱、动用的人力，更是不计其数。人们尽管知道这个事情难以做到，可谁也不敢违抗国君的命令，人们也只能摇头叹息。

后来，有一位聪明的仆人大胆向国君提出谏言："国君啊！为什么你要劳师动众，牺牲那么多头牛，花费那么多金钱呢？您何不用两小片牛皮包住您的脚呀？"国君听了非常高兴，当下领悟，于是立刻收回成命，采纳了这个建议。

也许我们不能改变世界，但是我们可以改变自己。如果你现在生活的环境让你感到不适应，不要抱怨，而应首先改变自己，用爱心和智慧来面

对这一切，要努力适应环境，而不是让环境适应你。

爱抱怨的人，经常只能在原地徘徊，自以为是地咒骂眼前的"阴暗"，却不懂得那"阴暗"正是自己的影子。而努力去改变的人，总是能够用智慧发现机会和把握机会，使人生过得精彩而美好。

在一个有六千多人参与的调查中，关于"抱怨"的原因，有74.7％的人表示是为了发泄内心的苦闷；36.2％的人则希望倾听自己抱怨的人，能够帮助自己解决问题；23.9％的人表示自己已经习惯了抱怨；还有21.1％的人抱怨的目的是给自己找个逃避的借口。由此可见，多数人抱怨仅仅是为了发泄内心的苦闷情绪，或是解决困扰自己的问题。但是，抱怨真能如自己所愿，解决根本的问题吗？

调查中显示，在所有受访者中，有45.3％的人表示，当有人向自己抱怨时，自己也会想抱怨更多的事情。也就是说，原本想要发泄糟糕的情绪，结果却接收到别人更多的消极感受；希望对方能够帮忙解决问题，最终却增添了更多的困扰，真是得不偿失。

抱怨真的不能从根本上解决问题，只会让自己痛苦不堪。据调查，经常抱怨的人，还有一些消极的隐藏心理，最终造成了巨大的"杀伤力"。

（1）逃避现实，拒绝行动

习惯抱怨的人，几乎都有一个共同的"白日梦"，认为自己应该顺风顺水，不需要付出太多的努力，就能享受到美好的生活。所以，当他们发现现实并不如自己意的时候，或者曾经付出的努力并没有得到回报，便开始变得怨天尤人，缺乏自信心，而抱怨则成了他们逃避残酷现实、企图找回自我价值的工具。

用无休止的抱怨来逃避现实的人，往往只对寻找外界的不利因素很感兴趣，认为不顺利都是由这些因素造成的，所以不会想方设法去改变现状。这种习惯性的自我保护，使他们丧失了责任感和行动力，所以，处理问题的能力将大大降低。

（2）关注负面，不断强化

总是习惯抱怨的人，因为过度关注负面的事物和感受，不断地放大问题的严重性，强化自己的负面心态，将自己关入"悲惨"的牢笼，无法逃脱。也就是说，如果你的思维总是绕着痛苦、孤单、倒霉等展开，那么，强大的"负面能量"将会把你的命运引向不好的结果，最终无法从根本上解决问题。

明白了抱怨的负面作用，那么，我们应如何做，才能让自己变成"不抱怨"的快乐达人呢？

首先，要对自身的抱怨行为进行反思。有意识地记录自己每天抱怨的次数，关于这件事情，是否有挽救的可能？如果你对这些问题有了十分清晰的答案，那么，就能够督促自己用更好的方法去应对。

其次，正确处理负面情绪，讨论解决问题的方案。有相关研究表明，一旦有人开始抱怨，便会引发更多人加入抱怨的行列；相反地，当有人提出解决问题的方案时，其他人也会热烈地响应。所以，当你自己生活状况不理想时，不妨先平复失望的情绪，然后寻找可以提供建议的专业人士，共同探讨更好的解决方案。

只要你了解了抱怨的负面影响和心理原因，掌握了避免抱怨的高情商做法，化抱怨为改变，就能够拥有轻松的心情，然后快乐地生活！

2. 不必让人人都对你满意

你再完美，也会有人对你不满，也会有人让你生厌。对人不要求全，对己无须苛责，该处的人，该做的事，抱最大的希望，尽最大的努力，但要做最坏的打算，持最好的心态。不要轻易去厌烦某人，那样劳心费神。美好的东西，锁进记忆，时常品味；时光缝隙处的垃圾，丢到一边，与你无关，不必理会。

生活中，很多人都追求完美，渴望得到他人的赞美和肯定，可是，在做事的时候，又难免会受到诸多的批评和指责，由此会生出许多烦恼和痛苦。要知道，想让周围所有人都肯定你并赞美你，是不可能的。一个人的价值不是寄托在他人的赞美或者批评之上的，只要尽力去做好，他人如何批评、期许，都不必太在意。你再努力，还是会有让别人抱怨的地方，还是会让人产生不满的情绪。

美国最著名的心理学家马斯洛认为，人都有归属的需求与自尊的需求，表现在个体身上就是希望得到他人的认可和满意，希望他人给予积极的肯定和评价。所以，在乎他人的看法和周围人的评价是极为自然的事情，但是，这需要你把握好一个度。如果你过度去在乎他人的评价，总是为了使他人满意而刻意去改变自己，就会丧失自我个性，然后陷入痛苦的泥潭中不可自拔。

要知道，人的生活，其实就是一种心情，一种感受罢了。心情好了，生活就美满了。如果你总是在乎他人的看法，按照他人的看法行事，无异于沦为他人的精神奴隶，那自然就难有什么好心情，生活也不会有任何的幸福可言。

俗话说，"岂能尽如人意，但求无愧我心！"就像萝卜白菜各有所爱一样，所以，在任何时候都不要奢求自己事事尽如人意，那样只会让人劳神费力。

有位画家，有一次把自己最得意的作品拿到家附近的广场上去展览，极为自信地对观众说道："如果你们认为有败笔，要尽可能地指出。"到了晚上，画家的作品上被标满了记号，人们挑选出了无数他们认为是败笔的地方。画家对此非常不甘心，他灵机一动，又画了一幅完全相同的画拿到广场上去展览，让观众指出画得最美妙的地方。

结果，到了晚上，那些曾经被人指责为败笔的地方，如今却成了赞为妙笔的记号。画家的结论就是："我发现了一个奥秘，那就是无论我们干什么，只要使一部分人满意就够了，因为在有些人看来是丑恶的东西，在另外一个人的眼中，恰恰是最美好的。"

日本哲学家西田几多郎有一首诗这样写道："人是人，我是我，然而我有我要走的路。"是啊，我们有自己的生活目标与生活方式，如果我们不能按照内心的要求去选择自己喜爱的生活方式，走自己想走的路，而是处处去看他人的脸色行事，这无疑是在为别人而活。这样的生活有何意义呢？为人处世，凡事总想让他人满意，得到他人的承认，这实际上是一种心理乞丐。

生活中，你也许有这样的感受：哪怕是穿一件新衣服，说一句什么话，都会不自觉地考虑他人怎么看，会不会高兴，总是想尽办法按照他人的眼光去做事，总是担心顺了姑意失了嫂心，怕他人失望，被他人笑话，甚至不停地责骂。对于偶尔未能尽如人意，或听到背后有人非议自己，就感到惶惶不可终日。这样的生活，无疑是十分劳累的。

一个人，如果总是将生活的焦点与生命的重心放在看他人的脸色、在意他人的看法上，千方百计去讨好周围的每一个人，那必然是十分愚蠢的行为。且不说千人千性，众口难调，你不可能满足所有人的要求，即使能，最终也只会使自己的个性扭曲，失去自己，失去自己的生活乐趣与生命价值。

3. 学会宽容、豁达，少些计较

越是计较，心里越不平衡，越不平衡，烦恼越多，我们也因此变得不从容。烦恼像藤条一样，紧紧缠绕住我们生命之树上原本可以更蓬勃、葱郁的枝蔓，使其不能自然而生，被过分的计较消减掉芬芳和美好。

与人交往很难做到完美，人与人之间的关系总是很难把握的，总是有不尽如人意的时候。这个时候我们就要学会大度，学会大气，学会宽容，学会豁达。大度是一种睿智的人生态度，它教会人们学会隐忍，学会堂堂正正做人，坦坦荡荡做事。只有大度的人才不会在意和计较一城一池的得失，才能赢得人心。

大度是一种风度。大度的人愿意听取他人的观点，愿意采纳他人的意见，能够谦卑地与人交往。但是，大度的人是有德行和修养的，是智慧的。大度的人往往能够拥有美好的心境，拥有君子般的风度，能够更为融洽地与他人交往。

山上有一座破旧的寺院，里面住着一个老和尚和一个小和尚，有一次，小和尚对老和尚说："这一座寺院中，就我们两个和尚，我每次到山下去化缘的时候，很多人都会冷言冷语笑话我是野和尚，所有来参拜的人，给的香火钱也很少。今天到山下去化缘，这么冷的天，竟然没有一个人给我开门，我化到的斋饭也少得可怜。师父，我们菩提寺要想成为你所说的庙宇千间，钟声不断的大寺的梦想可能实现不了了。"

老和尚披着袈裟也没说什么话，只是紧闭着眼睛静静地听着。

小和尚絮絮叨叨地说着，最终，老和尚睁开眼睛问道："这北风吹得太紧了，外边又冰天雪地的，你不冷吗？"

小和尚冻得浑身哆嗦，然后说道："我冷得很啊，双脚都冻麻木了。"

老和尚说道："那不如我们早一些睡觉吧。"

于是，老和尚和小和尚就熄了灯，一同钻进了被窝中。又过了一个小时，老和尚说道："现在你暖和了吗？"

小和尚答道："当然暖和了，就像在太阳下一样暖和。"

老和尚说道："棉被放在床上面一直是冰冷的，但是人一旦躺进去就变得暖和多了，你说是棉被把人暖热了，还是人把棉被暖热了呢？"小和尚一听，马上笑着说道："师父你真是糊涂啊，棉被怎么可能把人给暖热了呢，是人把棉被暖热了。"

老和尚就问道："棉被既然无法给我们任何温暖，我们反而要靠它们去取暖，那么，我们还盖着棉被干什么呢？"

小和尚想了想说道："虽然棉被给不了我们温暖，但是厚厚的棉被却可以保存我们的温暖，让我们在被窝中睡得很舒服啊！"

在黑暗之中，老和尚会心一笑，说道："我们撞钟诵经的僧人何尝不是躺在厚厚的棉被下面的人，而那些芸芸众生就是厚厚的棉被啊。只要我们一心向善，冰冷的棉被终究是会被我们暖热的，而芸芸众生这床棉被也会把我们的温暖保存下来，我们睡在这样的被窝里不是温暖得很吗？"

小和尚听了，恍然大悟。第二天，小和尚很早就下山去化缘了，依然碰到了很多人的恶语，但是小和尚却始终彬彬有礼地对待每一个人。

十年以后，菩提寺成了一座大寺院，不仅有很多的僧人，而且烧香参拜的人也络绎不绝，再也没出现过化不到斋饭的情况了。

生活中，如果每个人的内心都能像棉被一样，一心向善，最大限度地去容忍别人，不斤斤计较，那么，再冰冷的人也会被我们感化的。

大度的人，首先肯为他人着想，能够从他人的立场看问题，这样自己的观点也会更加客观，遇事也会更为冷静，能更好地处理问题。如果每个人都能够以大度的心态去对待他人，那么，生活就会变得极为美妙与融洽。大度为人是一种较高的素质，也是一种高尚的情操。大度并不意味着怯懦和胆怯，而是一种开怀处世的心态。大度的人是健康乐观的人，这样的人会用博大的心胸谅解身边人的一些小过失，从而使自己获得心灵上的解脱。

在繁华的闹市中有一个菜市场，一位妇人开了一家小店卖蔬菜。因为她的菜十分新鲜且价钱公道，所以生意很好。这让其他摊位的小贩很不满意，时时生出怨气来。

大家经常在扫地的时候有意或者无意地将垃圾扫到她的店门口，但是这个妇人却十分大度，并没有与这些心胸狭窄的人计较什么，反而每次都将垃圾扫到角落中堆起来，然后将店门口清扫得干干净净。

在她的摊位的旁边有一位卖菜的年轻人观察了很多天，终于忍不住了，就问她："大家都把垃圾扫到你的菜摊门口，你为什么不生气呢？"那位妇人笑着说："在我们家乡，过年的时候大家都会把垃圾往家里面扫，因为垃圾就代表财富，垃圾越多就代表你来年会赚很多的钱。现在每天都有人把垃圾送到我这里来，我感激还来不及呢！这就代表我的财运会一直很好，我怎么舍得拒绝呢？"

这位年轻小伙听了之后，就将这些话传到各个小贩的耳朵中，从此之后，再也没有垃圾出现在妇人的菜摊门口了。

妇人用自身的宽容大度化诅咒为祝福，为自己创造了一个良好的营业环境，如此下去，她的生意必定会越做越好。倘若她与周围的人斤斤计较，采取消极的方法去对待周围的人，那么，她可能每天都闷闷不乐，受其他人的排挤，生意便不会那么好了。所以说，宽容待人，大度为人，与他人少一些计较，会让事情往好的方向发展，会让你们之间的关系更为融洽，我们所说的"和气生财"便是这个道理。

生活中，难免会遇到这样的人：在你辛勤播种的时候袖手旁观，但是在你收获的时候却毫无愧色地来分享你的劳动果实。对待这样的人，一定要学会大度，你稍做出一点牺牲便成就了他人的欲望，总比去斤斤计较，争吵打斗，最终两败俱伤要好得多。心胸狭窄的人，不能容人，最终只能成为孤家寡人，即便有天大的本事也难以有所建树。而大度的人，会发现天地如此广阔，不会在鸡毛蒜皮的小事情上面斤斤计较，不会将精力浪费在毫无意义的事情上面，他们有阔大的心胸，能够宽容待人，大度处事，会使自己的生活变得和谐而美好。

4. 不要去羡慕他人，守住自己所拥有的

两只老虎，一只生活在笼子里，一只生活在野外。笼子里的老虎羡慕野外的老虎自由，野外的老虎羡慕笼子里的老虎安逸。它们决定交换身份，起初十分快乐。但不久，两只老虎都死了。一只饥饿而死，一只忧郁而死。很多时候，人们对自己的幸福熟视无睹，而觉得别人的幸福光彩夺目。其实，你之所有，正是别人所羡！

有这么一则寓言。

猪说假如让我再活一次，我要做一头牛，工作虽然苦点、累点，但是名声却很好，让人爱怜；牛说假如让我再活一次，我要做一头猪，吃罢睡，睡罢吃，不出力，不流汗，活得赛神仙；鹰说假如让我再活一次，我就要做一只鸡，渴有水，饿有米，住有房，还受人保护；鸡说假如让我再活一次，我愿意做一只鹰，可以翱翔天空，云游四海，任意捕兔杀鸡。

这虽然是一则寓言故事，但我们人类何尝不是如此！总是在羡慕他人所拥有的，羡慕别人的工作，羡慕朋友买的新房，羡慕别人的车子，等等，而忽略了自身所拥有的。其实，每个人都很富有，只是我们的"富"都在别人的眼中。

泰戈尔说："鸟愿为一朵云，云愿为一只鸟。"在任何时候，我们都不要去羡慕别人，因为你看到的只是对方光鲜的表面，根本无法体会对方的痛苦。

有一只公鸡，个头很小，却野心勃勃。它很羡慕那些强者的生活，总是梦想着自己在某一天也可以变成像森林中的狮子一样强悍的动物。

但是，无论如何努力，它的梦想也丝毫没有进展，于是，它就开始了无休止的抱怨。佛祖听到了，便来到凡间，站在它的面前，问道："在我的眼中，众生皆平等，你为何总是羡慕他人的生活呢？"

公鸡回答道："佛祖，您高高在上，受万物的膜拜，如何能够理解我们这些弱小者的痛苦呢？我每天都生活在又潮湿又阴暗的鸡棚中，每天都要吃那些人们随手丢弃的米糠类食物，而且，还时不时地被人类到处驱赶，多数情况下，还要饿肚子，还有被宰杀的危险。我实在不想过这种低下的生活了，求您赶紧让我变成像狮子那样强大的动物吧！"

佛祖说："你为何羡慕它们的生活，要知道，它们也在为自己的身份而苦恼不堪。"

公鸡以为佛祖在欺骗它，便说："狮子那么强悍，每天有肉吃，有舒服的洞穴可以住，还用羡慕谁呢？"

佛祖听罢，就领着公鸡来到一片大草原上面。不远处，有一头贵为森林之王的狮子正在怒吼着，它之所以如此生气是因为它身上那些蚊虫与虱子之类的小动物正在肆无忌惮地吸食它的鲜血，而自己却无计可施；另一边，公鸡也看到一头母狮正在拼命地追逐着一头鹿，它张着大口却依然无法捕到猎物，最终因为饥饿而倒下了。

看到这样的情况，公鸡就叹道："原来它们的生活还不如我的清闲自在。我真的不用再羡慕它们了。"

佛祖笑道："你先前之所以羡慕它们，是因为你根本不知道它们的痛苦。"

生活中，有多少人也有像公鸡这样的心态呢？他们总是在不断地羡慕中度过自己的一生：羡慕别人的车子比自己好，房子比自己的宽敞，家庭比自己幸福，工作比自己舒适，收入比自己高……好像别人的一切才是真正的生活，而自己的生活只是在浪费时间一般。我们总是在体会别人的生活，总是生活在他人的阴影之中，为别人表层的光鲜而自卑，殊不知，你所羡慕对象的光鲜外表下不知隐藏了多少辛酸与痛苦。

很多人就如同故事中的公鸡一般，只看到了强者的光彩，却从来没有想过强者身后所要付出的痛苦和辛酸。羡慕他人是在给自己徒增烦恼，与其这样，不如选好自己的生活方式与道路，活出属于自己的精彩。

5. 不要去攀比，你有你的精彩

人总爱跟别人比较，看有谁比自己好，又有谁比不上自己。其实，为你的烦恼和忧伤垫底的，从来不是别人的不幸和痛苦，而是你自己内心的纠缠。

生活中，经常会听到有人这样抱怨："人家的命太好了，嫁了个有钱又体贴的老公，而我为何这么命苦！""人家住的房子那么大，我什么时候才能够住上豪宅啊！""我什么时候也能拥有一辆跑车呢！"……这就是典型的攀比心理。人在攀比的时候，自然无法对自己所拥有的东西或者事物进行欣赏或者满足，自然就会心生忌妒、烦恼和痛苦，我们生活中的诸多幸福和快乐都是被攀比心理毁掉的。

张健很喜欢攀比，处处都要与别人比高低。有一次，他的邻居家盖了一幢非常漂亮的小楼，张健见了，心想，哼，就以为你们家有钱盖房子吗，明天我就拆房盖幢小别墅。

第二天，张健就真的把家里的那幢50年的老楼房给拆了，找来施工队，计划要盖五层楼的别墅。施工队的负责人见他穿的一身土衣服，上面还挂着补丁，就不肯给他盖，气得张健破口大骂，还拿着锄头把施工队的人给赶走了。这下可好了，自己的房子被拆了，现在没地方住了。最后他只能在邻居的新房旁边搭了一个草棚住。

几年后，张健已经50岁了，依平常人的看法，人到了这个年纪已经是该坐在家里享清福了。但是张健却还是光棍一个。原来，在张健22岁的时候，邻居大妈给他介绍了一个姑娘，两人还相恋了一段时间，之所以后来分开，就是因为张健事事爱与人攀比造成的。

虽然这是一则笑话，但是生活中的我们何尝不是如此呢！我们总是想着能比别人"更好"，总将眼睛盯着别处，盲目地进行攀比，最终不仅将自己置于痛苦和烦恼中，还让自己失去更多。

王梅大学毕业后，就与男友留在了省城。几年后，就与男友用自己的积蓄在省城郊区买了一套两居室的房子。房子是他们精挑细选后定下来的，装修后，两人住进去感觉很是舒适、方便，于是很开心，每天上班脸上都挂着幸福的微笑。

但是，没过多久，王梅大学中的好友也买了一套房，装修好之后，朋友就打电话让王梅到家中参观一下。朋友的老公是个企业精英，收入颇丰，所以，他们家买的新房地段很好，而且各个方面的装修都很高档。这让王梅的心里产生了巨大的落差，她回家后，脸上的笑容就消失了，原本的好心情已经被朋友的"更好"的房子给冲击掉了，并且还不停地向老公抱怨："别人怎么那么好命，嫁的老公经济条件那么好……"她无休止地唠叨，让老公也对她冷淡起来。王梅越来越觉得自己是世界上最不幸福的人，每天都唉声叹气的……

这就是攀比心理作怪的结果。要明白，别人的房子好，付出的辛苦和努力也多。自己不想太过劳累，不想背负太多的负担，那就买一个自己感到舒适的吧。如果自己能够安心地享受当下的惬意生活，又有什么可攀比的呢？

比较在多数情况下都会给自己带来阴暗和不愉快的感觉，怀有比较的心理去工作或生活，即便你再有优势，也难免会使自己心理失衡，也不会有愉快的感觉。比较是十分危险的，会让我们忽略或者不满足于自身所拥有的，会让我们错失更为美好的东西；比较会挑拨起我们的野心，也是在诋毁我们自己所做的一切努力，让我们所得的和已经拥有的变得毫无生机和意义……

大部分的人都明白这个道理：我们都是比上不足，比下有余。但是仍旧忍不住要与他人进行比较：比较物质、比较金钱、比较名利、比较幸福……在物欲高涨的社会中，比较只会让我们烦恼重重。所以，当我们心情烦躁的时候，请自觉地问下：自己是否正处于比较后不平衡的心理状态下？如果是，请赶紧远离这种比较，因为一旦养成这种习惯，便会随时随地吞噬掉我们的快乐。

某哲学家说："人正是因为在人群中习惯了仰视，所以才滋生出许多烦恼来。"在生活中，我们总习惯于与那些比我们强的人进行攀比，这样就常常会迷失自己，让原有的幸福与自己擦肩而过。反过来，如果我们肯低下头，与那些不如我们的人进行比较，多去关注那些不如我们的人，难道我们不是幸运的吗？人往高处看固然是对的，因为它可以激发我们奋力向前的积极性，但是有时候也要低下头来看看身边不如我们自己的，这样才能获得满足感和幸福感，不让自己沮丧和失落。

6. 不要将生命浪费在语言的纠葛中

如果有一天，你和周围的人发生争执，你就让他赢，他又能赢到什么？如果你输了，你又能输掉什么？这个赢和输，只是文字上面的罢了，我们将多数的生命都浪费在语言的纠葛之中。其实，两个人如果发生争执，并不会真正地留下输和赢，而失去的则是你们之间的感情、和气和友情。

人与人之间要想相处得更为融洽，最主要的是要学着去接受对方、包容对方，而非去改变对方。

生活中，很多事情本身是没有答案的，我们在与人交往的时候，千万不要太过计较，不要与他人争输赢，这样不仅会置自己于痛苦之中，而且会伤及朋友之间的和气，是得不偿失的事情。与朋友在一起交往，很多事情，最好能糊涂了之。对于一些原则性的问题，最好能将心放宽一些，该马虎时且马虎，否则，只会置自己于孤立的位置之中。

王翔是某著名大学中文系的才子，不仅能诗善文，而且很有口才。这样的人，周围应该有很多朋友才是，但是事实却相反，主要是因为他是个爱较真儿的人。

有一次，王翔与几位朋友一同去参加一位朋友的婚礼，在如此喜庆的场合，王翔却因为太过较真儿，把场面搞得很尴尬。

席间司仪说："在座的朋友都知道，新郎、新娘是名副其实的'青梅竹马'，在这里我给大家解释一下这个成语的来历。相传宋代的时候有个著名的女词人李清照，她与她的丈夫赵明诚自小相爱……"司仪的解释显然是错误的，但是在场的人出于礼貌，谁也没去说破。但是王翔却忍不住了，就在台下大声说道："你说错了，这个成语是李白写的……"顿时，那个司仪脸上红一阵白一阵，但是对方又是个嘴硬的人，接着说："这位先生，您说是李白写的，有什么证据吗？"

王翔得意地说："当然有了，这个成语出自李白的《长干行》……"这样一来，让那个司仪面子尽失，场面顿时也冷清了许多。这时候新郎很不高兴地将他叫到一边说："人家是来帮忙的，你跟人家较什么劲呀！这是结婚，又不是学术辩论会。平时大家都不愿意与你交往，就是这个原因……"

在婚庆场合，对于司仪犯的错误，根本无须去计较，但是，王翔却因为太过较真儿，非要与对方争个明白，不仅将场面搞得极为尴尬，而且成为众矢之的。

《菜根谭》的原文有几句话："涉世浅，点染亦浅，历事深，机械亦深，故君子与其练达，不若朴鲁，与其曲谨，不若疏狂。"而这里的"涉世浅"，主要指那些刚刚毕业的年轻人，入世很浅，污染也不深；"历事深"主要是人生经历的事情太多，机械亦深。当然了，这里所说有机械主要是指那些经常计较的妄想，这样的人烦恼和痛苦自然会很多。"故君子与其练达，不若朴鲁，与其曲谨，不若疏狂。"就是说，做人过于精明的话，反而不如在有些地方糊涂马虎一些的好。其实，这主要是告诉世人，凡事不能太过计较算计，太过算计计较的人，会太过固执，做事太过死板，很容易走进人生的"黑洞"中不能自拔。为此，对很多事情，我们一定要放弃计较，该糊涂时且糊涂，一笑置之就好。

7. 舍弃面子，别给自己找"罪"受

人生苦短，千万不要活得太累。要活得舒心，活得快乐。生活毕竟不是演戏，无须用太多的脂粉去涂抹自己，无须戴上"面具"去"逢场作戏"！想笑就笑，想唱就唱，挣多挣少都心地坦然，活得朴素自然，活得坦坦荡荡，你就能获得舒心、快乐和潇洒。

生活中，多数人都讲面子，也爱面子：明明能力不足，但就因为撕不破朋友这一张面皮，强装君子风度，握手言欢，答应帮朋友做一些力不能及的事情，最终让自己跳进痛苦的深渊；夫妻间明明已经是同床异梦，毫无感情，家庭已成为一种摆设，但一想起面子，社会舆论，就装出一副和谐的面孔来支撑婚姻大厦，直到心力交瘁……如果你能静下心来想想，又何必呢？人与人之间应当是平等的，彼此间只有坦诚相见，才能让感情成为一种支撑，成为一种快乐的享受。要面子并没有错，但是千万不要让面子成为自己的一种负累。

陈翔是一家公司的普通职员，他的一个朋友赵磊刚刚成立了一家自己的公司。为了庆祝一番，赵磊在酒店邀请了过去的一班朋友欢聚一堂。朋友们玩得很高兴，都前来祝福赵磊生意节节攀高。这个时候，陈翔突然说："赵磊放心，你的单子我给你包了。"

其实陈翔明白，自己根本没有那么大的能耐，可是为了面子，他还是毫不犹豫地说了出来。结果，这句话所有人都记住了，朋友们都说陈翔够义气。

一瞬间，陈翔感觉自己很伟大，于是夸下了更多的海口，引得朋友们无不羡慕。

陈翔的话，让赵磊牢牢地记在了心里。几天以后，他去找陈翔做单子，而陈翔只不过是说说而已，并没有想着朋友会真的找他帮忙。这下陈翔慌了，因为他自己根本就没有什么把握。

可是陈翔意识到，如果这个时候拒绝，那么自己无疑丢了大面子，于

是，他不得不帮赵磊忙活起来。一个星期过去了，陈翔一个合适的单子也没有给赵磊做成，但是赵磊并没有不高兴，只是说："看你说得那么胸有成竹，相信你能行的。现在看来，我还是找别人吧，就不为难你了。"

可是，为了保全面子，陈翔还是想要在朋友面前展示自己的"能力"。不过，几次三番的失误，不仅让赵磊受到了连累，就连自己也花了不少冤枉钱。从这之后，朋友们开始感觉陈翔并不像他自己说的那样，于是对他产生了一丝反感。而陈翔自己自然也高兴不到哪里去，情绪越来越急躁。

陈翔因为"死要面子"，最终不仅失了面子，还将自己拖入痛苦之中，真是自己找"罪"受。

现如今，越来越多的人因为要面子，过着不幸福的生活，却在别人面前吹嘘自己是如何如何的幸福。其实，这不过是自欺欺人罢了。所以，生活中我们要勇于舍弃面子，做回真实的自己，不在乎别人的眼光。人不能只为了脸面而活，只要自己开心，比什么都重要。

大哲人苏格拉底敢于舍弃面子的勇气就值得我们效仿。

苏格拉底年轻的时候，生活很贫穷。每天清晨，他都会在邻居的目光中赤着脚，踩着晶莹的露水，跳到一块大石头上面，仰起头向远道而来的太阳热情地问候，向正在隐去的星星和月亮挥手告别。

那时候的他，总是披着那件破旧不堪的袍子，但是他却无视众人怪异的眼光，到集市上和民众辩论，行使他"思想助产士"的义务劳动。

有一次，正为早餐发愁的妻子冲出来，在众人面前厉声责备丈夫，高声发着牢骚，抱怨家里米缸朝天，丈夫却天天游手好闲，不求上进。

苏格拉底却不顾众人的窃笑，亲昵地拥抱一下老婆，向外边走边说："亲爱的，我去工作了，我要帮我的思想顺利生产下来。"

愤怒的妻子把一盆水泼向苏格拉底，他顿时被浇成了落汤鸡。苏格拉底像骑士一样抖抖湿透的袍子，对哈哈大笑的邻居说："看来我猜对了，电闪雷鸣过后，必有大雨倾盆。"

多数人都嘲笑苏格拉底是个不要脸面的人，而这正是苏格拉底的高明之处，对于他来说，面子是不重要的，思想是最为重要的，为了面子而扰乱自己的思想，改变自己的生活，是得不偿失的。

为此，我们切不要为了面子而去花费两三个月的薪水换一身新行头；不要再违心地在众人聚会时充大方争抢着付账单，却见荷包瘪下去而暗暗心疼；更不要再不懂装懂了，承认自己也有无知的时候，这没什么丢脸的。

人的一生不应该只为脸面而活，想要活得洒脱，还是不要让自己活受罪。当然，我们说要放下面子，不是告诉你，要放弃自己的尊严。我们是说，那些华而不实的面子，在很多时候只是为了满足一下自己的虚荣心罢了，该放下就必须放下，这样我们才能活得轻松，活得潇洒，活得快乐！但是与我们自尊有关的面子，还是得维护，毕竟有自尊的人才能真正地赢得别人的尊重。

8. 心有多大，世界就有多广

敬君子方显有德，怕小人不算无能；退一步天高地阔，让三分心平气和；欲进步需思退步，若着手先虑放手；如得意不宜重往，凡做事应有余步；持黄金不为珍贵，知安乐方值千金；事临头三思为妙，怒上心忍让最高。

苏东坡经常与好友佛印在一起参禅悟道。他在参禅的过程中，佛印总是老实厚道，苏东坡却古灵精怪，总是占佛印的便宜。

有一天，苏东坡问佛印说："佛印，你看我像什么呀？"佛印老老实实地回答说："我看你像一尊佛。"苏东坡说："你知道我看你像什么吗？其实你往那儿一坐，就像一堆粪似的。"说完之后，苏东坡就哈哈大笑，佛印见状，没有搭理他。

晚上回到家中，苏东坡很是得意地把这件事情告诉了妹妹。苏小妹冷笑道："哥哥，像你这样的还悟道参禅啊？参禅讲的是见心见性，心中有，眼中才有。佛印说你像佛，说明他心中有佛，正因为心中有佛，才对你的无理取闹不争不怒。你看他像牛粪，那问问你自己，你心里有什么吧？"听罢，苏东坡惭愧得无地自容。

每个人看到的外面的世界，都是心灵的一种折射。你所看见的，必定是你心中所有的。心中怎样，表现出来的状态就会是怎样的。

其实，人与人之间原本没有多大的差别，只是内心的世界不同，而造成截然不同的人生结局。

有一句话说，眼界有多高，智慧就会有多深，心有多大，世界就会有多广，思想有多远，我们便能够走多远。也就是说，那些真正有担当、肯放下，能成就大事的人，都是心胸宽阔，敢于舍弃的人；而那些不懂得适时放下的人，都是心灵狭窄，爱斤斤计较的人，这样的人是不容易成就大事业、有所大成就的。为此，我们可以说，什么样的心态就能够产生什么样的结果。心有多宽，你周围的世界就会有多么的宽阔。我们可以说，拥有什么样的心态，就能产生什么样的效果，内心有多宽敞，他所在的世界就会有多大。

哈佛一位教授曾做过这样一个小测试。在课堂上，他拿出一张A4的白纸，让学生集中精力地盯着这张纸，最终问：究竟看到了什么？

A组（占全班70%）的同学说："看到的是一张白纸。"

B组（占28.5%）的同学说："我什么也没看见。"

C组（占1.5%）的同学说："我看不到尽头。"

调查结束后，教授对这些学生进行了长时期的跟踪调查，十几年后，A和B两组同学多数都一无所成，庸庸碌碌，为生活奔波；C组同学多数都做出了一番大事业，取得了惊人的成就。

最终，哈佛教授得出C组同学成功的原因：他们的目光不只是盯在一张纸上，他们能够超出事物的本身，想到未来。这样的人，眼界往往比较高远，心胸比较宽广，也更容易取得伟大的事业，取得辉煌的成就。

人们常拿"世界有多大，心就有多大"来夸耀人的志向的远大，但是如果我们将顺序颠倒一下，改为"心有多大，世界才有多大"，就会发现人生的另一层禅理。

在现实生活中，很多人，尤其是年轻人总是抱怨世界不够大，施展个人才华的舞台不够大。其实，世界与舞台的大小都源自我们的内心。内心有多强大，你的眼界就会有多高，你周围的世界就会有多广。要成就你的梦想，只有不断地扩大自身的心灵空间，舍弃过多的计较，才能获得最大的成功与做出更大的成就。

如果你能够认清楚这一点，然后再回首一下自己走过的道路，你便会发现，当初那些困难，在现在看来只不过是一些鸡毛蒜皮的小事而已；当初那些斥责，现在看来也是极为可笑的罢了。一切的一切都不过是过眼云烟罢了。当初再痛苦，再烦恼，也不过是生命的一个过程。只要你能够将你的心灵放得再宽大一些，不要过于计较眼前的利益得失，一切都会成为永久的过往。

为此，从现在开始，我们切不可再去计较眼前的一些痛苦和烦恼了，那样只会缩小我们的内心。你的内心小了，如何能装得下大千世界呢？如何能让自己快乐呢？

9. 克制愤怒不生气

一位哲人说，不执着于外在事物的人，内心可以获得真正的安宁。而要做到不"不执着于外物"，就应当舍弃计较，拔除内心所有的愤怒、傲慢等坏情绪，如此方能使心灵超越所有的束缚。

有一个叫艾斯的人，每次在与人发生争执生气的时候，就会以极快的速度跑回家中，绕着自己的房子和土地跑上几圈，然后又坐在田地边喘气。艾斯工作非常勤劳努力，他的房子越来越大，土地越来越广，但是无论房子有多大，田地有多广，只要与他人发生争执，他还是会绕着房子和土地跑几圈。所有认识他的人，心中都极为疑惑，但是无论怎么问他，艾斯都不愿意说明原因。

直到有一天，艾斯很是生气，挂着拐杖艰难地绕着土地跟房子走，等他好不容易走上几圈之后，太阳都下山了，艾斯独自坐在田边喘气。他的孙子在身边恳求他："爷爷，您年纪已经大了，这附近地区的人没有一个人的土地比你的大，您不能再像从前，一生气就绕着土地跑啊！您能否告诉我您的秘密，为何一生气就要绕着土地跑上几圈呢？"

艾斯禁不住孙子的恳求，终于说出了隐藏在自己心中多年的秘密，他说道："我一与别人吵架、争执、生气，就会绕着房地跑几圈，并且边跑边想，我的房子这么小，土地这么小，我哪有时间，哪有资格与他人生气呢？一想到这里，气就立即消了。于是，我就把所有的时间用来努力扩大我的土地。"

孙子问道："爷爷，您年纪大了，又变成了如此富有的人，为何还要绕着房地跑呢？"

艾斯笑着说："我现在还是会生气，生气时绕着房地走几圈，会边走边想，我的房子这么大，土地这么多，我又何必要与人计较呢？一想到这里，我的气便立即消了。"

生活中，每个人都难免因与他人发生争执、争吵而愤怒生气，但是，发怒生气根本无法解决任何问题，只会让自己失去快乐和幸福，损害健康，缩短寿命。一个人经常愤怒，是心理不健康的表现。愤怒的情绪会使人丧失理智，会危及一个人的身心健康，会损害自己的尊严，会损害人际关系，还会使人犯错误。所以说，克制愤怒是成功者必备的修养。暴躁易怒的人，动辄会发火，后果只会害人害己。所以，我们应该加强自身修养，克制愤怒的情绪，不要轻易生气。

要懂得，生气是拿别人的错误惩罚自己。你再生气，再愤怒，最终伤害的终究是你自己，任何人无法替代。一个聪明的人，是很少在一些小事上大动肝火的，他们知道，人生还有很重要的事情去做，如果将精力浪费在小事上面，那只会让人生暗淡无光。

当然了，要做到不为小事而犯颜动怒，最根本的一点便是学会宽容，增加自己的心理容量，学会理解、容忍，反省自己，少怪罪他人。

有一位妇人，一遇到不顺心的事就生气，与周围朋友、同学和邻居的关系都搞得不好，所以，每天都闷闷不乐的。

有一天，她与一位好友在聊天时，说出了自己心中的苦闷。朋友听完之后，便对她说道："我听说南山庙中有一位得道高僧，他也许能帮你解除痛苦。"

于是，妇人便去找那位高僧，对他说："大师，我为何总是生气呢？

你能告诉我为什么吗？"高僧则笑而不语说："施主，请跟我来。"说着就将妇人带到了一个小柴房的门口说道："施主，请进来。"妇人很是奇怪，但还是进了柴房。这时候，高僧迅速将门关上还上了锁，继而转身走了。妇人一看，就气不打一处来："你把我关在这里干什么？快把我放出去……"高僧并不理会。

许久之后，女人又开始了哀求，高僧仍旧置若罔闻，最终妇人总算是沉默了。高僧便来到门外，问她说："你现在还在生气吗？"

妇人回答道："我只在生我自己的气，我为何要跟你到这种鬼地方来呢？"

"连自己都不肯原谅的人，如何去原谅别人呢？"高僧便拂袖而去。

许久之后，高僧又问她："还在生气吗？"

"现在已经不生气了。"妇人答道。

"为什么呢？"

"再生气也解决不了问题啊！"

"其实，你的气还没有完全消失，还压在心中，爆发后仍旧会很剧烈。"高僧说完之后又离开了。

当高僧第三次来到门前时，妇人立即上前说道："我现在不生气了，原因是不值得气了。"

"什么才叫不值得啊，看来你心中还是有衡量，还是有气的。"高僧笑着说道。

当高僧迎着夕阳站在门外的时候，妇人便这样问高僧："大师，什么叫气呢？"

高僧说："气其实是别人吐出了但是你却接到口中的那种东西，你吞下便会觉得反胃；只有当你不在意它的时候，它才会自动消失。"

所以，生活中，我们切勿再为了一些小事而生气。当你因为一些事情想要生气的时候，不妨选择暂时离开，找个清静的地方，让自己的内心平静下来，想一想，何必要因为别人而折磨自己呢？

要知道，人生的幸福、快乐是享受不尽的，值得你去品味的东西太多，不要将精力浪费在毫无意义的小事上面，因为那根本不值得。

10. 个人得失少计较，做心灵的主人

人生不必斤斤计较，让自己怒火攻心。生年不过百，常怀千岁忧；百事从心起，一笑解千愁。如果想到我们都是来去匆匆的过客，只不过是到世间走一遭，还有什么鸡毛蒜皮的小事值得计较呢？做人大度一点，做事大方一点，不但不会有所损耗，反而会得到更多。

一个人最惬意和快乐的，莫过于心灵的自由，依照内心的意愿去做事，听从内心的声音，行为遵从内心的命令。可是，现实生活中，我们总被这样或那样的外物所干扰、影响或支配，于是烦恼不断、痛苦不断。

心理学家指出，一个人的内心一旦被强制，一旦要别人顺从你的价值观或者信念，或者顺从别人的观念，你便削弱了这些价值观与信念在你生活中的力量。为此，生活中，我们一定要努力去掌控自己的心灵，认清楚自己，明白自己是谁，自己内心真正需要的是什么，切勿盲目地跟随潮流走，也无须顾及他人的流言蜚语，这样才能活出真正的自己，感受到生命的真色彩。要做自己的主人，要尽量依靠自己的力量去帮助自己，而不需掺杂别的意念或者要求，随时随地跟随自己的内心，那么，你便会感到无比的惬意和快乐。

一位智者在向人们传递智慧的过程中，曾经经过一个没落的村庄，村庄中突然跑过来一群小恶棍，他们说话很不客气，甚至还口出秽言。

如果是旁人听了，一定会大发雷霆，然后与恶棍互相辱骂起来，甚至还会大打出手。而智者只是待在那里并且仔细地、静静地聆听，然后对他们说："非常感谢你们过来找我，我正在赶路，下一个村庄的人可能还在等我，我现在必须要赶过去。等明天回来的时候，我会有非常充足的时间，到时候，你们有何话说，再一起过来找我，可以吗？"

那群恶棍简直不敢相信，还有人这样和他们心平气和地说话，于是，其中一个人就问道："你是怎么回事，难道你没有听到我们刚才所说的话吗？我们骂你骂得那么难听，为什么没有任何反应呢？"

智者心平气和地对他说道："你想让我有所反应的话，你的话说得有点晚了。如果你在十年前这样说我，我可能会有所反应。然而，今天，我的内心是不会受任何人的控制的，我的心灵已经不再是别人的奴隶了，我是我自己的主人。我是在依据自己真实的内心在做事，而不会随便跟随别人去做出什么反应。"

智者的经历告诉我们，心灵是我们所有行为与意念的根源，你的快乐、悲伤、感动、愤怒和仇恨以及所有的贪欲和念头只会给自己和他人增添痛苦；而相反地，一颗慈善的心所发出的言语、行为、意念皆会给自己带来幸福和快乐。在面对他人的谩骂的时候，智者丝毫不为外界的因素所干扰，按照内心的宁静去处世。所以，他们的世界必然是一片安宁的。

为此，每个人在面对尘世的纷扰的时候，都有责任对自己说道："这对我是真实的，因为它对我有用。"这种自我肯定是相当重要的，因为没有一个人的生活与我是完全相同的，我的内心是异常平静的，我的思想是极其独特的，而且我应该接受它。当然，在这里我们主要是想告诉大家，要活出真正的我，并学会看到真正的别人。修持一颗平常心，是要从不平等中学习，让我们慢慢地接受这个过程，并通过它一起成长！

心是幸福与快乐的根。幸福和快乐是一种思想，当思想快乐，那么你就是一个快乐的人；当思想不快乐，那么你永远也快乐不起来。你自己不幸福、不快乐，却又常把它拿出来示人，令爱你的人们也和你一样痛苦。巴尔扎克也说："忌妒者所受的痛苦比任何人遭受的痛苦都大，他自己的不幸和别人的幸福都使他痛苦万分。"所以，在我们的生活中，还是应该让自己多一些赞许，少一些指责；多一些宽容，少一些刻薄；多一些帮扶，少一些刁难……